2017 年"一流应用技术大学"建设系列教材

工业机器人技术与应用

Technology and Application of Industrial Robot

主　编　刘志东

副主编　赵俊英　李　磊

U0378978

西安电子科技大学出版社

内 容 简 介

本书首先介绍了工业机器人的发展概况、分类特点和系统组成，并结合官方样本手册，分析了工业机器人的关键参数；然后介绍了工业机器人的机械结构、控制系统和传感系统，可使读者了解工业机器人的基本理论、关键技术和应用技能；最后介绍了工业机器人的示教及编程语言以及 ABB 机器人和三菱机器人的操作基础，包括系统组成、手动操作、坐标系设置、输入/输出通信、示例练习和在线软件应用等内容，可使读者对工业机器人的使用、调试和编程形成清晰的操作思路并掌握相应的技能。

本书选材新颖，注重实用，案例丰富，将工程应用与理论知识进行有效衔接，使读者能够深入浅出地掌握工业机器人的理论知识和工程应用。

本书适合作为高职院校自动化、机械工程等专业的教材，也可作为高等学校相关专业本科生以及从事机器人行业的工程技术人员的参考用书。

图书在版编目(CIP)数据

工业机器人技术与应用 / 刘志东主编. —西安：西安电子科技大学出版社，2019.11
ISBN 978-7-5606-5192-7

Ⅰ.① 工…　　Ⅱ.① 刘…　　Ⅲ.① 工业机器人—研究

Ⅳ.① TP242.2

中国版本图书馆 CIP 数据核字(2018)第 278348 号

策划编辑　毛红兵　秦志峰
责任编辑　师　彬　秦志峰
出版发行　西安电子科技大学出版社(西安市太白南路 2 号)
电　　话　(029)88242885　88201467　　　邮　　编　710071
网　　址　www.xduph.com　　　　　　　　电子邮箱　xdupfxb001@163.com
经　　销　新华书店
印刷单位　咸阳华盛印务有限责任公司
版　　次　2019 年 11 月第 1 版　　2019 年 11 月第 1 次印刷
开　　本　787 毫米×1092 毫米　1/16　印张 14.875
字　　数　347 千字
印　　数　1～2000 册
定　　价　36.00 元
ISBN　978-7-5606-5192-7 / TP
XDUP 5494001-1
如有印装问题可调换

前　　言

　　随着社会的不断发展，各行各业的分工越来越细，尤其是在现代化的大产业中，有的人每天就只管拧一批产品的同一个部位上的一个螺母，有的人整天就是接一个线头，就像电影《摩登时代》中演示的那样，人们感到自己在不断异化，各种职业病逐渐产生。于是人们强烈希望用某种机器代替自己工作，从而促使人们研制出了机器人，用以代替人类去完成那些单调、枯燥或是危险的工作。

　　机器人是一种自动执行工作、完成预期任务的机器装置。它既可以接受人类临场的指挥，又可以运行预先编排的程序，还可以根据人工智能技术制定的原则纲领自主行动。其任务是协助或代替人类在恶劣、危险、有害、未知的环境或条件下从事单调、复杂、艰苦、繁重的各项工作。机器人技术作为20世纪人类伟大发明的产物，从20世纪60年代初问世以来，经历了五十多年的发展，现已取得突飞猛进的发展和持续创新的进步，已经成为当代最具活力、最有前途的高新技术之一。

　　工业机器人是集机械、电子、控制、计算机、传感器、人工智能等多学科先进技术于一体的机电一体化设备，被称为工业自动化的三大支撑技术之一。它可以接受人类指挥，也可以按照预先编排的程序运行。随着社会的进步和劳动力成本的增加，工业机器人在我国的应用越来越广泛。

　　工业机器人具有对3个以上的轴进行编程等显著特点，它的安装形式可以是固定式的，也可以是移动式的。不同的学术机构对工业机器人的定义有所不同，但是其可编程性、拟人性、通用性和机电一体化的特点得到了业界的公认，成为人们判别工业机器人的基本标识。工业机器人是一种功能完整、可独立运行的自动化设备，它有自身的控制系统，能依靠自身的控制能力来完成规定的作业任务。工业机器人的设计、调试、使用、维修人员，需要熟悉机器人的结构，掌握其安装维护、操作编程、调试维修技术，才能充分发挥机器人的功能，确保其正常、可靠运行。

　　《2014—2018年中国工业机器人行业产销需求预测与转型升级分析报告》数据显示，2013年中国市场销售36 560台工业机器人，占全球销售量的1/5，同比增幅达60%，取代日本成为世界最大工业机器人市场。2013年至今，在全球经济低迷的大环境下，我国工业机器人仍保持年均增长20%以上的高速发展，实属难得。

　　2015年随着《中国制造2025》的提出，围绕实现制造强国的战略目标，我国明确了9项战略任务和重点，提出了8个方面的战略支撑和保障。《中国制造2025》重点支持的十大领域中第二项即为高档数控机床和机器人。文件中强调围绕汽车、机械、电子、危险品制造、国防军工、化工、轻工等领域的工业机器人、特种机器人，以及医疗健康、家庭服务、教育娱乐等领域的服务机器人的应用需求，积极研发新产品，促进机器人标准化、模块化发展，扩大市场应用，突破机器人本体、减速器、伺服电机、控制器、传感器与驱动器等关键零部件及系统集成设计制造等技术瓶颈。

为满足工业机器人行业发展需求，必须培养更多的掌握工业机器人技术和应用的高级人才。为此，我们编写了本书。

本书共分七章，各章节的具体内容如下：

第一章介绍了工业机器人的国内外发展现状、类型和系统组成，以产品样本为参照，详细介绍了工业机器人的关键参数和技术指标，并对典型的工业机器人的特点、关键参数和应用进行了阐述。

第二章详细描述了工业机器人的结构组成，并分别对机身、臂部、腕部和末端进行了分类介绍和结构分析。

第三章对工业机器人控制系统的原理和组成进行了讲解，详细介绍了不同控制方式的特点和应用，并在此基础上描述了工业机器人的体系架构和硬件的搭建。

第四章介绍了工业机器人传感器的分类和参数要求，并从内部传感器和外部传感器这两个方面详细介绍了各种传感器的工作原理、技术特点和应用场所，同时也阐述了传感器的选型思路，并结合典型应用，综合分析了传感器的应用。

第五章介绍了工业机器人的示教和编程语言，对比了示教编程和离线编程的特点，并详细介绍了各种编程语言。

第六章介绍了 ABB 机器人的系统组成和 ABB 示教器的应用，并讲述了常用控制指令和 I/O 通信常识，最后介绍了 RobotStudio 离线编程软件的应用和联机调试。

第七章介绍了三菱 RV 小型机器人的系统组成、示教器的应用、常用编程指令描述，并在此基础上进行了程序编制的示例练习，最后介绍了三菱机器人离线编程软件的应用。

本书由刘志东任主编，赵俊英、李磊任副主编。其中，刘志东编写了第一章、第三章、第五章、第六章和第七章，李磊编写了第二章，赵俊英编写了第四章。刘志东对全书进行了统稿。

本书在编写过程中参阅了不少教材和技术资料，并得到了许多业界同仁的无私支持，在此表示衷心的感谢。

由于编者水平有限，书中难免存在疏漏和不妥之处，欢迎各位读者批评指正，并将问题反馈，以便进一步提高本书质量和编者水平。

本书可作为高职院校自动化、机械工程等专业的教材，也可供高等学校相关专业本科生以及机器人行业的工程技术人员参考。

编　者

2019 年 6 月

目　录

第一章 绪 论

【知识点】

- ◆ 工业机器人的分类
- ◆ 工业机器人的系统组成
- ◆ 工业机器人的特点
- ◆ 工业机器人的技术指标
- ◆ 机器人的驱动形式
- ◆ 典型的工业机器人

【重点掌握】

- ★ 工业机器人按结构坐标系特点分类
- ★ 机器人本体
- ★ 工业机器人电气控制系统
- ★ 工业机器人的技术指标
- ★ 焊接机器人
- ★ 码垛机器人
- ★ 装配机器人
- ★ 轮式移动机器人(AGV)

1.1 工业机器人概述及发展史

1.1.1 概述

机器人是"制造业皇冠顶端的明珠",其研发、制造和应用是衡量一个国家科技创新和高端制造业水平的重要标志。20 世纪中期,随着计算机技术、自动化技术和原子能技术的发展,现代机器人开始得到研究和发展。21 世纪以来,"机器人革命"有望成为"第四次工业革命"的切入点和增长点。

到目前为止，国际上还没有对机器人做出明确统一的定义。根据各个国家对机器人的定义，总结各种说法的共同之处，机器人应该具有以下特性：

(1) 属于一种机械电子装置。

(2) 动作类似于人的肢体结构和功能。

(3) 具有可编程性的动作执行，具有一定的通用性和灵活性。

(4) 具有一定程度的智能，能够自主地完成一些操作。

今天的工业机器人主要是劳动密集型行业的产物，比如汽车、电子和电力等行业。传统的工业机器人主要针对工作路径和工作方式来进行特征和性能数据设计的拓展，代替人类完成一些重复性、高强度和危险性的工作。未来，人工智能、人机协同交互等新技术的出现，将会对工业机器人的设计、性能、应用有着重大的影响和推动。

1.1.2　工业机器人的发展史

工业机器人的发明可以追溯到 1954 年 George Devol 申请了一个可编程部件转换的专利。在他和 Joseph Engelberger 合伙后，世界上第一个工业机器人公司 Unimation 成立了，并且在 1961 年将第一个工业机器人使用到通用汽车生产线上，其主要用途是从一个压铸机上把零件给拨出来，如图 1-1 所示。大多数液压动力的通用机械手是随后几年卖出去的，用于车体的零部件操作和点焊。这两项应用都取得了成功，说明工业机器人能可靠地工作并保证规范的质量。很快，很多其他公司开始开发和制造工业机器人，一个由创新驱动的行业就此诞生。然而，经过许多年后这个行业才开始真正盈利。

1969 年，具有突破性的"斯坦福手臂"作为一个研究项目的雏形由 Victor Scheinman 设计出来，如图 1-2 所示。"斯坦福手臂"有 6 个自由度，全部电气化的操作臂由一台标准电脑控制(一种叫作 PDP-6 的数字装置)。此项成果奠定了工业机器人的研究基础，之后的机器人设计深受 Scheinman 理念的影响。

图 1-1　1961 年第一个工业机器人　　　　　　　　　图 1-2　斯坦福手臂

1973 年，ASEA 公司推出了世界上第一个由微型计算机控制、全部电气化的工业机器人 IRB-6。它可以进行连续的路径移动，这是弧线焊接和加工的前提。

1978 年，一种可选择柔顺装配机械手(SCARA)被日本山梨大学的 Hiroshi Makino 开发出来。这种里程碑式的四轴低成本设计完美地适应了小部件装配的需求，因为这种运动学结构允许快速和柔顺的手部运动。灵活的装配系统建立在具有良好的产品设计兼容性的

SCARA 机器人基础之上，极大地促进了世界范围内高质量电子产品和消费品的发展。图 1-3 所示为一款 SCARA 机器人。

自 20 世纪 80 年代以来，并联机器人开始出现并逐渐走向成熟，其通过 3～6 个并联支架将它的末端执行器与机器基本模块相连。这些并联机器人非常适合实现高速度(如用于抓取)、高精度(如用于加工)或者处理高负荷的场合，然而它的工作空间比同类别的串联或开环机器人更小。图 1-4 所示为 ABB 并联机器人。

目前，笛卡尔机器人仍是十分理想的适合于需要广阔工作环境的工业机器人。除了传统的使用三维正交平移轴的设计，1998 年 Gudel 公司提出了一种有刻痕的桶架结构，如图 1-5 所示。这种理念可让一个到多个机器人手臂循迹并且在一个封闭的转移系统中循环。这样，机器人的工作空间就可以获得高速、高精度的提升，这可能在物流和机器代工方面尤其有价值。

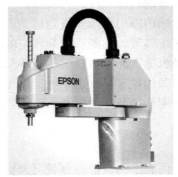  

图 1-3 SCARA 机器人　　图 1-4 ABB 并联机器人　　图 1-5 循迹笛卡尔机器人

双手的精巧操作对复杂的装配任务、同时操作加工和大物件转载来说是至关重要的。第一个商用的同步双手操作机器人由 Motoman 在 2005 年推出，如图 1-6 所示。作为一个模仿人类手臂伸展能力和敏捷度的双手机器人，它可以被放在一个以前工人工作的地方，因此，资本花费可以被降低。它的特点是 13 轴的运动：每只手 6 个，加上一个基础旋转的单轴。

机器人速度和质量的要求催生了新颖的运动学和传动设计。从早期开始，减少机器人结构的质量和惯性就是研究的一个主要目标。与人手的重量比 1∶1 被认为是最终的基准。在 2006 年，这个目标被 KUKA 公司一款轻型的机器人实现了。它是一个拥有先进控制能力的紧凑的七自由度机械臂，如图 1-7 所示。

图 1-6 双手机器人　　　　图 1-7 七自由度机械臂

1.2　工业机器人的分类

工业机器人有多种分类方法，本节分别按机器人的控制方式、结构坐标系特点、驱动方式进行分类。

1.2.1　按机器人的控制方式分类

按照控制方式可把机器人分为非伺服控制机器人和伺服控制机器人两种。

1. 非伺服控制机器人

非伺服控制机器人工作能力比较有限，机器人按照预先编好的程序顺序进行工作，使用限位开关、制动器、插销板和定序器来控制机器人的运动。插销板用来预先规定机器人的工作顺序，而且往往是可调的。定序器是一种定序开关或步进装置，它能够按照预定的正确顺序接通驱动装置的能源。驱动装置接通能源后，就带动机器人的手臂、腕部和手部等装置运动。当它们移动到限位开关所规定的位置时，限位开关切换工作状态，给定序器送去一个工作任务已完成的信号，并使终端制动器动作，切断驱动能源，使机器人停止运动。

2. 伺服控制机器人

伺服控制机器人比非伺服控制机器人有更强的工作能力。伺服系统的被控制量可为机器人手部执行装置的位置、速度、加速度和力等。将通过传感器取得的反馈信号与来自给定装置的综合信号用比较器加以比较后得到误差信号，此误差信号经过放大后用以激发机器人的驱动装置，进而带动末端执行器以一定规律运动，到达规定的位置或速度等。因此，这是一个反馈控制系统。

伺服控制机器人可分为点位伺服控制机器人和连续轨迹伺服控制机器人两种。

点位伺服控制机器人的受控运动方式为由一个点位目标移向另一个点位目标，只在目标点上完成操作。机器人可以以最快的和最直接的路径从一个目标点移到另一个目标点。通常，点位伺服控制机器人能用于只有终端位置是重要的而对目标点之间的路径和速度不做主要考虑的场合。点位控制主要用于点焊、搬运机器人等。

连续轨迹伺服控制机器人能够平滑地跟踪某个规定的路径，其轨迹往往是某条不在预编程端点停留的曲线路径。连续轨迹伺服控制机器人具有良好的控制和运动特性。由于数据是依时间采样，而不是依预先规定的空间点采样的，因此连续轨迹伺服控制机器人的运动速度较快，功率较小，负载能力比较小。连续轨迹伺服控制机器人主要用于弧焊、喷涂、打飞边、去毛刺和检测等工作内容。

1.2.2　按结构坐标系特点分类

按照结构坐标系特点可把机器人分为直角坐标型工业机器人、圆柱坐标型工业机器人、极坐标型工业机器人、关节坐标型工业机器人和并联型工业机器人。

1. 直角坐标型工业机器人

直角坐标型工业机器人有三个移动关节，即三个自由度，如图 1-8(a)所示。手部空间的位置变化是通过沿着三个相互垂直的轴线移动来实现的，常用于生产设备的上下料和高精度的装配和检测作业。一般地，直角坐标型工业机器人的手臂可以垂直上下移动(z 轴方向)，并可以沿着滑架和横梁上的导轨进行水平二维平面的移动(x、y 方向)。

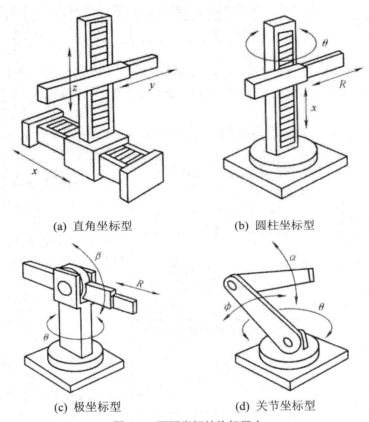

(a) 直角坐标型　　　　　　　　　(b) 圆柱坐标型

(c) 极坐标型　　　　　　　　　(d) 关节坐标型

图 1-8　不同坐标结构机器人

2. 圆柱坐标型工业机器人

圆柱坐标型工业机器人有两个移动关节和一个转动关节，末端操作器安装轴线的位置由(x, R, θ)坐标来表示，如图 1-8(b)所示。其主体具有 3 个自由度：腰部转动、升降运动、手臂伸缩运动。

3. 极坐标型工业机器人

极坐标型工业机器人有两个转动关节和一个移动关节，末端操作器的安装轴线的位置由(θ, β, R)坐标来表示。机械手能够里外伸缩移动，整体可在垂直平面左右旋转和上下摆动，因此这种机器人的工作空间为球面的一部分，如图 1-8(c)所示。

4. 关节坐标型工业机器人

关节坐标型工业机器人主要由底座、大臂和小臂组成。大臂和小臂间的转动关节称为肘关节，大臂和底座间的转动关节称为肩关节，底座可以绕垂直轴线转动，称为腰关节。

它是一种广泛应用的多自由度机器人，如图 1-8(d)所示。

5. 并联型工业机器人

并联型机构是动平台和定平台通过至少两个独立的运动链相连接，机构具有两个或两个以上自由度，且以并联方式驱动的一种闭环机构。

不同坐标结构机器人优缺点的对比如表 1-1 所示。

表 1-1　不同坐标结构机器人优缺点的对比

类型	自由度	优　点	缺　点
直角坐标型	3 个直线运动关节	1. 结构简单； 2. 编程容易，在 x、y、z 三个方向的运动没有耦合，便于控制系统的设计； 3. 直线运动速度快，定位精度高，蔽障性能较好	1. 动作范围小，灵活性较差； 2. 导轨结构较复杂，维护比较困难，并且导轨暴露面大，容易被污染； 3. 结构尺寸较大，占地面积较大； 4. 移动部分惯量较大，增加了对驱动性能的要求
圆柱坐标型	2 个直线运动关节和 1 个转动关节	1. 控制精度较高，控制较简单，结构紧凑； 2. 在腰部转动时可以把手臂缩回，从而减少转动惯量，改善了力学负载； 3. 能够伸入型腔式机器内部； 4. 空间尺寸较小，工作范围较大，末端操作器可获得较高的运动速度	1. 由于机身结构的原因，手臂端部可以到达的空间受限制，不能到达靠近立柱或地面的空间； 2. 直线驱动部分难以密封，不利于防尘及防御腐蚀性物质； 3. 后缩手臂工作时，手臂后端会碰到工作范围内的其他物体
极坐标型	1 个直线运动关节和 2 个转动关节	1. 占地面积小，结构紧凑，位置精度尚可； 2. 覆盖工作空间较大； 3. 在中心支架附近的工作范围较大	1. 坐标系统复杂、较难想象和控制； 2. 直线驱动装置仍然存在密封问题； 3. 存在工作死区； 4. 蔽障性能较差，存在平衡问题
关节坐标型	多个转动关节，一般为 6 个	1. 结构紧凑，占地面积小； 2. 动作灵活，工作空间大； 3. 没有移动关节，关节密封性能好，摩擦小，惯量小； 4. 工作条件要求低，可在水下等环境中工作； 5. 适合于电动机驱动	1. 运动难以想象和控制，计算量较大； 2. 运动过程中存在平衡问题，控制存在耦合； 3. 不适合液压驱动
并联型	多个转动关节	1. 无累积误差，精度较高； 2. 运动部分重量轻，速度高，动态响应好； 3. 结构紧凑，刚度高，承载能力大； 4. 工作空间较小	在位置求解上，串联机构正解容易，但反解十分困难，而并联机构正解困难，反解却非常容易

1.2.3 按驱动方式分类

按驱动方式分类，工业机器人可分为液压驱动式、气压驱动式和电机驱动式三类。

1. 液压驱动式工业机器人

液压驱动式工业机器人通常由油缸、马达、电磁阀、油泵、油箱等组成驱动系统，来驱动机器人的各执行机构进行工作。这类工业机器人的抓取能力很大，可达几百千克以上，其特点是结构紧凑、动作平稳、耐冲击、耐振动、防爆性好，但液压元件要求有较高的制造精度和密封性能，否则会有漏油现象，造成环境污染。

2. 气压驱动式工业机器人

这种机器人的驱动系统通常由气缸、气阀、气罐和空气压缩机等气动元件组成，其特点是气源方便、动作迅速、结构简单、造价较低、维护方便、便于清洁，但对速度很难进行精确控制，且气压不可太高，故抓举能力较低。

3. 电机驱动式工业机器人

电机驱动目前仍是工业机器人使用最多的一种驱动方式，其特点是电源方便、响应快、驱动力较大(关节型机器人的承载能力最大已达 400 kg)，信号检测、传递、处理方便，控制方式灵活。驱动电机一般采用步进电机、直流伺服电机以及交流伺服电机，其中，交流伺服电机(AC)是目前主要的驱动方式。由于电机速度高，通常须采用各种减速机构，如谐波传动、RV 摆线针轮传动、齿轮传动、螺旋传动和多杆机构等。部分机器人采用无减速机构的大转矩、低转速电机直接驱动(DD)，这样可使机构简化，又可提高控制精度；也有部分机器人采用混合驱动方式，即液-气、电-液、电-气混合驱动。

三种驱动方式的特点对比如表 1-2 所示。

表 1-2 三种驱动方式特点对比表

驱动方式 ＼ 特点	输出力	控制性能	维修使用	结构体积	使用范围	制造成本
液压驱动	压力高，可获得大的输出力	液压不可压缩，压力、流量均容易控制，可无极调速，并且反应灵敏，可实现连续轨迹控制	维修方便，液体对温度变化敏感，油液泄露易着火	在输出力相同的情况下，体积比气压驱动方式小	中型及重型机器人	液压元件成本较高，油路比较复杂
气压驱动	气体压力低，输出力较小，如需输出力大时，其结构尺寸过大	可高速，冲击较严重，精确定位困难。气体压缩性大，阻尼效果差，低速不易控制，不易与CPU连接	维修简单，能在高温、粉尘等恶劣环境中使用，泄露无影响	体积较大	中、小型机器人	结构简单，能源方便，成本低
电气驱动	输出力较小或较大	容易与CPU连接，控制性能好，响应快，可精确定位，但控制系统复杂	维修使用较复杂	需要减速装置，体积较小	高性能、运动轨迹要求严格	成本高

1.3　工业机器人的系统组成与特点

1.3.1　工业机器人的组成

工业机器人是一种功能完整、可独立运行的典型机电一体化设备。它有自身的控制器、驱动系统和操作界面，可对其进行手动、自动操作及编程，它能依靠自身的控制能力来实现所需要的功能。广义上的工业机器人是由图 1-9 所示的机器人及相关附加设备组成的完整系统，总体可分为机械部件和电气控制系统两大部分。

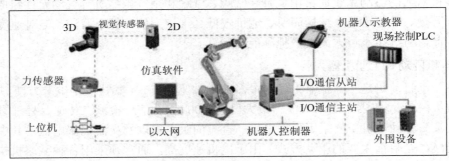

图 1-9　工业机器人的系统组成

工业机器人(以下简称机器人)系统的机械部件包括机器人本体、末端执行器、变位器等；电气控制系统主要包括控制器、驱动器、操作单元、上级控制器等。其中，机器人本体、末端执行器以及控制器、驱动器、操作单元是机器人必需的基本组成部件，所有机器人都必须配备。

末端执行器又称工具，是机器人的作业机构，与作业对象和要求有关，其种类繁多，一般需要由机器人制造厂和用户共同设计、制造与集成。变位器是用于机器人或工件的整体移动或进行系统协同作业的附加装置，可根据需要选配。

控制系统中，上级控制器是用于机器人系统协同控制、管理的附加设备，既可用于机器人与机器人、机器人与变位器的协同作业控制，也可用于机器人和数控机床、机器人和自动生产线等其他机电一体化设备的集中控制，此外，还可用于机器人的操作、编程与调试。上级控制器同样可根据实际系统的需要选配，在柔性加工单元(FMC)、自动生产线等自动化设备上，上级控制器的功能也可直接由数控机床所配套的数控系统(CNC)、生产线控制用的 PLC 等承担。

1. 机器人本体

机器人本体又称操作机，是用来完成各种作业的执行机构，包括机械部件及安装在机械部件上的驱动电动机、传感器等。

机器人本体的形态各异，但绝大多数都是由若干关节(Jiont)和连杆(Link)连接而成。以常用的六轴垂直关节型(Viticial Articulated)工业机器人为例，其运动主要包括整体回转(腰关节)、下臂摆动(肩关节)、腕回转和弯曲(腕关节)等。本体的典型结构如图 1-10 所示，其主要组成包括手部、腕部、上臂、下臂、腰部、基座等。

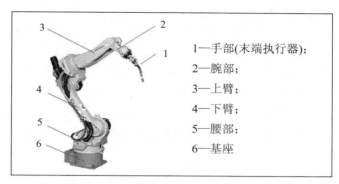

1—手部(末端执行器);

2—腕部;

3—上臂;

4—下臂;

5—腰部;

6—基座

图 1-10 工业机器人本体的典型结构

机器人的手部用来安装末端执行器,它既可以安装类似人类的手爪,也可以安装吸盘或其他各种作业工具;腕部用来连接手部和手臂,起到支撑手部的作用;上臂用来连接腕部和下臂,并可回转下臂摆动,以实现手腕大范围的上下(俯仰)运动;下臂用来连接上臂和腰部,并可回转腰部摆动,以实现手腕大范围的前后运动;腰部用来连接下臂和基座,它可以在基座上回转,以改变整个机器人的作业方向;基座是整个机器人的支持部分。机器人的基座、腰、下臂、上臂统称机身;机器人的手部和腕部通称手腕。

机器人的末端执行器又称工具,它是安装在机器人手腕上的作业机构。末端执行器与机器人的作业要求、作业对象密切相关,一般需要由机器人制造厂和用户共同设计与制造。例如,用于装配、搬运、包装的机器人需要配置吸盘、手爪等用来抓取零件、物品的夹持器;而加工类机器人需要配置用于焊接、切割、打磨等加工的焊枪、割炬、铣头、磨头等各种工具或刀具等。

2. 变位器

变位器是用于机器人或工件整体移动,进行协同作业的附加装置,它既可选配机器人生产厂家的标准部件,也可由用户根据需要设计、制作。变位器的作用如图 1-11 所示,通过选配变位器,可增加机器人的自由度和作业空间。此外,变位器还可实现作业对象或其他机器人的协同运动,增强机器人的功能和作业能力。简单机器人系统的变位器一般由机器人控制器直接控制,而多机器人复杂系统的变位器需要由上级控制器进行集中控制。

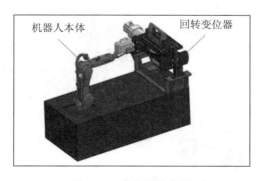

图 1-11 变位器的作用

根据用途,机器人变位器可分为通用型和专用型两类。专用型变位器一般用于作业对象的移动,其结构各异、种类较多,难以尽述。通用型变位器既可用于机器人移动,也可用于作业对象移动,它是机器人常用的附件。根据运动特性,通用型变位器可分为回转变位、直线变位两类,根据控制轴数又可分为单轴、双轴、三轴变位器。

通用型回转变位器与数控机床的回转工作台类似,常用的有图 1-12 所示的单轴和双轴两类。单轴变位器可用于机器人或作业对象的垂直(立式)或水平(卧式)360°回转,配置单轴变位器后,机器人可以增加 1 个自由度。双轴变位器可实现一个方向的 360°回转和另一方向的局部摆动;配置双轴变位器后,机器人可以增加 2 个自由度。

(a) 单轴   (b) 双轴

图 1-12　回转变位器

三轴变位器有 2 个水平 360°回转轴和 1 个垂直方向回转轴,可用于回转类工件的多方位焊接或工件的自动交换。三轴 R 形变位器是焊接机器人常用的附件,它有 2 个水平 360°回转轴和 1 个垂直方向回转轴,可用于回转类工件的多方位焊接或工件的自动交换。

通用型直线变位器与数控机床的移动工作台类似,它多用于机器人本体的大范围直线运动。图 1-13 所示为常用的水平移动直线变位器,但也可以根据实际需要,选择垂直方向移动的变位器或双轴十字运动、三轴空间运动的变位器。

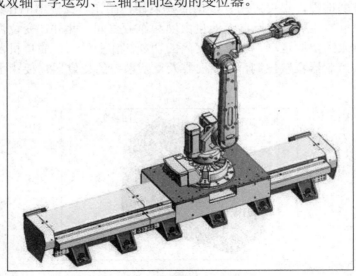

图 1-13　水平移动直线变位器

3. 电气控制系统

在机器人电气控制系统中，上级控制器仅用于复杂系统各种机电一体化设备的协同控制、运行管理和调试编程，它通常以网络通信的形式与机器人控制器进行信息交换，因此，实际上属于机器人电气控制系统的外部设备；而机器人控制器、操作单元、伺服驱动器及辅助控制电路则是机器人电气控制系统必不可少的系统部件。

1) 机器人控制器

机器人控制器是用于机器人坐标轴位置和运动轨迹控制的装置，输出运动轴的插补脉冲，其功能与数控装置(CNC)非常类似。机器人控制器的常用结构有工业 PC 型和 PLC(可编程序控制器)型两种。

工业 PC 型机器人控制器的主机和通用计算机并无本质的区别，但机器人控制器需要增加传感器、驱动器接口等硬件，这种控制器的兼容性好、软件安装方便、网络通信容易。PLC 型控制器以类似 PLC 的 CPU 模块作为中央处理器，然后通过选配各种 PLC 功能模块，如测量模块、轴控制模块等来实现对机器人的控制，这种控制器的配置灵活，模块通用性好、可靠性高。

2) 操作单元

工业机器人的现场编程一般通过示教操作实现，它对操作单元的移动性能和手动性能的要求较高，但其显示功能一般不及数控系统。因此，机器人的操作单元以手持式为主，习惯上称之为示教器。

传统的示教器由显示器和按键组成，操作者可通过按键直接输入命令和进行所需的操作。目前常用的示教器为菜单式，它由显示器和操作菜单键组成，操作者可通过操作菜单选择需要的操作。先进的示教使用了与目前智能手机相同的触摸屏和图标界面，这种示教器的最大优点是可直接通过 Wi-Fi 连接控制器和网络，从而省略了示教器和控制器间的连接电缆。智能手机型操作单元使用灵活、方便，是适合网络环境下使用的新型操作单元。

3) 驱动器

驱动器实际上是用于控制器的插补脉冲功率放大的装置，实现驱动电动机位置、速度、转矩控制，它通常安装在控制柜内。驱动器的形式决定于驱动电动机的类型，伺服电动机需要配套伺服驱动器，步进电动机则需要使用步进驱动器。机器人目前常用的驱动器以交流伺服驱动器为主，它有集成式、模块式和独立型 3 种基本结构形式。

集成式驱动器的全部驱动模块集成一体，电源模块可以独立或集成，这种驱动器的结构紧凑，生产成本低，是目前使用较为广泛的结构形式。模块式驱动器的电源模块为公用，驱动模块独立，驱动器需要统一安装。集成式、模块式驱动器不同控制轴间的关联性强，调试、维修和更换相对比较麻烦。独立型驱动器的电源和驱动电路集成一体，每一轴的驱动器可独立安装和使用，因此，其安装使用灵活、通用性好，调试、维修和更换也较方便。

4) 辅助控制电路

辅助控制电路主要用于控制器、驱动器电源的通断控制和接口信号的转换。由于工业机器人的控制要求类似，接口信号的类型基本统一，为了缩小体积、降低成本、方便安装，辅助控制电路常被制成标准的控制模块。

尽管机器人的用途、规格有所不同，但电气控制系统的组成部件和功能类似，因此，机器人生产厂家一般将电气控制系统统一设计成如图 1-14 所示的通用控制柜。

1—急停按钮；2—电源开关；3—示教器

图 1-14　电气控制系统的结构

在以上通用控制柜型系统中，示教器是用于工业机器人操作、编程及数据输入/显示的人机界面，为了方便使用，一般为可移动式悬挂部件；驱动器一般为集成式交流伺服驱动器；控制器则以 PLC 型为主。另外，在采用工业计算机型机器人控制器的系统上，控制器有时也可独立安装，系统的其他控制部件通常统一安装在控制柜内。

1.3.2　工业机器人的特点

1. 基本特点

工业机器人是集机械、电子、控制、检测、计算机、人工智能等多学科先进技术于一体的典型机电一体化设备。其主要技术特点如下。

(1) 拟人化。在结构形态上，大多数工业机器人的本体有类似人类的腰转、大臂、小臂、手腕、手爪等部件，并接受其控制器的控制。在智能工业机器人上，还安装有模拟人类等生物的传感器，例如，模拟感官的接触传感器、力传感器、负载传感器、光传感器，模拟视觉的图像识别传感器，模拟听觉的声传感器、语音传感器等。这样的工业机器人具有类似人类的环境自适应能力。

(2) 柔性化。工业机器人有完整、独立的控制系统，它可通过编程来改变其动作和行为，此外，还可通过安装不同的末端执行器来满足不同的应用要求。因此，它具有适应对象变化的柔性。

(3) 通用性。除了部分专用工业机器人外，大多数工业机器人都可通过更换工业机器人手部的末端操作器，如更换手爪、夹具、工具等来完成不同的作业。因此，它具有一定的、执行不同作业任务的通用性。

工业机器人、数控机床、机械手三者在结构组成、控制方式、行为动作等方面有许多相似之处，以至于非专业人士很难区分，有时会引起误解。以下通过三者的比较，介绍相互之间的区别。

2. 工业机器人与数控机床

世界首台数控机床出现于 1952 年，它由美国麻省理工学院率先研发，其诞生比工业机器人早 7 年，因此，工业机器人的很多技术都来自于数控机床。

George Devol (乔治・德沃尔)最初设想的机器人实际就是工业机器人，他所申请的专利就是利用数控机床的伺服轴驱动连杆机构，然后通过操纵、控制器对伺服轴的控制来实现机器人的功能。按照相关标准的定义，工业机器人是"具有自动定位控制、可重复编程的多功能、多自由度的操作机"，这点也与数控机床十分类似。

因此，工业机器人和数控机床的控制系统类似，它们都有控制面板、控制器、伺服驱动器等基本部件，操作者可利用控制面板对它们进行手动操作或进行程序自动运行、程序输入与编辑等操作控制。但是，由于工业机器人和数控机床的研发目的有着本质的区别，因此，其地位、用途、结构、性能等各方面均存在较大的差异。图 1-15 所示是数控机床和工业机器人的功能比较。总体而言，两者的区别主要有以下几点。

图 1-15 工业机器人与数控机床的功能比较

1) 作用和地位

机床是用来加工机器零件的设备，是制造机器的机器，故称为工作母机。没有机床就几乎不能制造机器，没有机器就不能生产工业产品。因此，机床被称为国民经济基础的基础，在现有的制造模式中，它仍处于制造业的核心地位。工业机器人尽管发展速度很快，但目前绝大多数还只是用于零件搬运、装卸、包装、装配的生产辅助设备，或是进行焊接、切割、打磨、抛光等简单粗加工的生产设备，它在机械加工自动生产线上(焊接、涂装生产线除外)所占的价值一般只有15%左右。

因此，除非现有的制造模式发生颠覆性变革，否则工业机器人的体量很难超越机床。所以，那些认为"随着自动化大趋势的发展，机器人将取代机床成为新一代工业生产的基础"的观点，至少在目前看来是不正确的。

2) 目的和用途

研发数控机床的根本目的是解决轮廓加工的刀具运动轨迹控制问题，而研发工业机器人的根本目的是用来协助或代替人类完成那些单调、重复、频繁或长时间、繁重的工作或进行高温、粉尘、有毒、易燃、易爆等危险环境下的作业。由于两者研发目的不同，因此其用途也有根本的区别。简言之，数控机床是直接用来加工零件的生产设备，而大部分工业机器人则是用来替代或部分替代操作者进行零件搬运、装卸、装配、包装等作业的生产辅助设备，两者目前尚无法相互完全替代。

3) 结构形态

工业机器人需要模拟人的动作和行为，在结构上以回转摆动轴为主、直线轴为辅(可能无直线轴)，多关节串联、并联轴是其常见的形态；部分机器人(如无人搬运车等)的作业空间也是开放的。数控机床的结构以直线轴为主、回转摆动轴为辅(可能无回转摆动轴)，绝大多数都采用直角坐标结构；其作业空间(加工范围)局限于设备本身。

但是，随着技术的发展，两者的结构形态也在逐步融合，如机器人有时也采用直角坐标结构，采用并联虚拟轴结构的数控机床也已有实用化的产品等。

4) 技术性能

数控机床是用来加工零件的精密加工设备，其轮廓加工能力、定位精度和加工精度等是衡量数控机床性能最重要的技术指标。高精度数控机床的定位精度和加工精度通常需要达到0.01 mm或0.001 mm的数量级，甚至更高，且其精度检测和计算标准的要求高于机器人。数控机床的轮廓加工能力决定于工件要求和机床结构，通常而言，能同时控制五轴(五轴联动)的机床，就可满足几乎所有零件的轮廓加工要求。

工业机器人是用于零件搬运、装卸、码垛、装配的生产辅助设备，或是进行焊接、切割、打磨、抛光等粗加工的设备，强调的是动作灵活性、作业空间、承载能力和感知能力。因此，除少数用于精密加工或装配的机器人外，其余大多数工业机器人对定位精度和轨迹精度的要求并不高，通常只需要达到0.1～1 mm的数量级便可满足要求，且精度检测和计算标准均低于数控机床。但是，工业机器人的控制轴数将直接决定自由度、动作灵活性等关键指标，其要求很高。理论上说，需要工业机器人有6个自由度(六轴控制)，才能完全描述一个物体在三维空间的位姿，如需要避障，还需要有更多的自由度。此外，智能工业机器人还需要有一定的感知能力，故需要配备位置、触觉、视觉、听觉等多种传感器；而数控机床一般只需要检测速度与位置。因此，工业机器人对检测技术的要求高于数控机床。

3. 工业机器人与机械手

用于零件搬运、装卸、码垛、装配的工业机器人功能和自动化生产设备中的辅助机械手类似。例如，国际标准化组织(ISO)将工业机器人定义为"自动的、位置可控的、具有编程能力的多功能机械手"；日本机器人协会(JRA) 将工业机器人定义为"能够执行人体上肢(手和臂)类似动作的多功能机器"，表明两者的功能存在很大的相似之处。但是，工业机器人与生产设备中的辅助机械手的控制系统、操作编程、驱动系统均有明显的不同。工业机器人和机械手的比较，两者的主要区别如图 1-16 所示。

图 1-16 工业机器人和机械手的比较

1) 控制系统

工业机器人需要有独立的控制器、驱动系统、操作界面等，可对其进行手动、自动操作和编程，因此，它是一种可独立运行的完整设备，能依靠自身的控制能力来实现所需要的功能。机械手只是用来实现换刀或工件装卸等操作的辅助装置，其控制一般需要通过设备的控制器(如 CNC、PLC 等)来实现，它没有自身的控制系统和操作界面，故不能独立运行。

2) 操作编程

工业机器人具有适应动作和对象变化的柔性，其动作是随时可变的，如果需要，最终用户可随时通过手动操作或编程来改变其动作。现代工业机器人还可根据人工智能技术所制定的原则纲领自主行动。但是，辅助机械手的动作和对象是固定的，其控制程序通常由设备生产厂家编制，即使在调整和维修时，用户通常也只能按照设备生产厂家的规定进行操作，而不能改变其动作的位置与次序。

3) 驱动系统

工业机器人需要灵活改变位姿，绝大多数运动轴都需要有任意位置定位功能，需要使用伺服驱动系统。在无人搬运车(Automated Guided Vehicle，AGV)等输送机器人上，还需要配备相应的行走机构及相应的驱动系统。而辅助机械手的安装位置、定位点和动作次序样板都是固定不变的，大多数运动部件只需要控制起点和终点，因此较多地采用气动、液压驱动系统。

1.4　工业机器人的技术指标

1.4.1　关键参数

由于机器人的结构、用途和要求不同，机器人的性能也有所不同。工业机器人选型中的主要技术参数包括自由度(控制轴数)、工作空间、最大工作速度、定位精度、承载能力等参数；选型样本手册和说明书中还包括外形尺寸、重量、安装方式、防护等级、供电电源、安装和运输等相关参数。

ABB 公司的 IRB 120 和三菱公司的 RV-2FRL 主要参数对比如表 1-3 所示。

表 1-3　IRB 120 和 RV-2FRL 机器人的主要参数

机器人型号		IRB120	RV-2FRL
规格 (Specifications)	额定载荷(Rated load)	3 kg	3 kg
	轴数(Number of axes)	6	6
	最大动作半径(Maximum action radius)	580 mm	649 mm
	重量(Weight)	25 kg	21 kg
重复定位精度(Repeatability of Positioning)		0.01 mm	0.02 mm
工作范围 (Working Range)	轴 1(Axis1)	$-165°\sim+165°$	$-240°\sim+240°$
	轴 2(Axis2)	$-110°\sim+110°$	$-117°\sim+120°$
	轴 3(Axis3)	$-70°\sim+70°$	$0°\sim+160°$
	轴 4(Axis4)	$-160°\sim+160°$	$-200°\sim+200°$
	轴 5(Axis5)	$-120°\sim+120°$	$-160°\sim+160°$
	轴 6(Axis6)	$-400°\sim+400°$	$-320°\sim+320°$
最大速度 (Maximum speed)	轴 1(Axis1)	250°/s	225°/s
	轴 2(Axis2)	250°/s	105°/s
	轴 3(Axis3)	250°/s	165°/s
	轴 4(Axis4)	320°/s	412°/s
	轴 5(Axis5)	320°/s	450°/s
	轴 6(Axis6)	420°/s	720°/s
最大合成速度(Maximum Synthesis Speed)		6.2 m/s	4.2 m/s
电气连接 (Electrical Connection)	电源电压(Power Voltage)	200～600 V, 50/60 Hz	200～500 V, 50/60 Hz
	功耗(Power Consumption)	0.25 kW	
工作环境 (Ambient)	工作温度(Operating Temperature)	+5℃～+45℃	0℃～+40℃
	储运温度(Transportation Temperature)	−25℃～+55℃	−20℃～+70℃
	相对湿度(Relative Humidity)	最高 95%	最高 85%

1.4.2　技术指标定义

1. 自由度

自由度是指机器人机构能够独立运动的关节数目，是衡量机器人动作灵活性的重要指标，可用轴的直线移动、摆动或旋转动作的数目来表示。

工业机器人轴的数量决定了其自由度，一般有 4～6 个自由度，7 个以上的自由度为冗余自由度，可用来避开障碍物或奇异位形。自由度越多就越接近人手的动作机能，通用性就越好，但是自由度越多，结构就越复杂，对机器人的整体要求就越高，这是机器人设计中的一个矛盾。

确定自由度时，在能完成预期动作的情况下，应尽量减少机器人自由度数目。目前，工业机器人大多是一个开链机构，每一个自由度都必须由一个驱动器单独驱动，同时必须有一套相应的减速机构及控制线路，这就增加了机器人的整体重量，加大了结构尺寸。所以，只有在特殊需要的场合，才考虑更多的自由度。自由度的选择与功能要求有关。如果机器人被设计用于生产批量大、操作可靠性要求高、运行速度快、周围设备构成复杂、所抓取的工作质量较小等场合，则自由度可少一些；如果便于产品更换、增加柔性，则机器人的自由度要多一些。

工业机器人的多自由度最终用于改变末端在三维空间中的位姿。以通用的 6 自由度工业机器人为例，由第 1～3 轴驱动的 3 个自由度用于调整末端执行器的空间定位，由第 4～6 轴驱动的 3 个自由度用于调整末端执行器的空间姿态，如图 1-17 所示。由于机器人在实际工作时，定位和定向动作往往是同时进行的，因此，需要多轴进行联动动作。

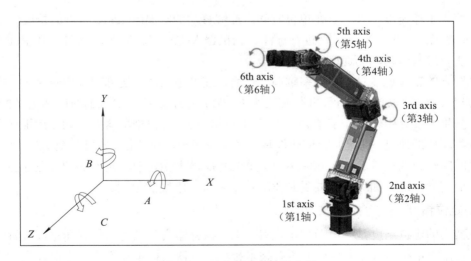

图 1-17　工业机器人的自由度

2. 工作范围

工作范围是指机器人在未安装末端执行器时，其手腕参考点所能到达的空间。工作范围是衡量机器人作业能力的重要指标，工作范围越大，机器人的作业区域也就越大。

作业范围的大小决定于各关节运动的极限范围，不仅与机器人各构件尺寸有关，还与它的总体构形有关。在工作空间内不仅要考虑各构件自身的干涉，还要防止构件与作业环境发生碰撞。因此，工作范围的定义应剔除机器人在运动过程中可能产生自身碰撞的干涉区，实际工作范围还应剔除末端执行器碰撞的干涉区。如图 1-18 所示，红线内部为机器人的工业空间，展示了工业机器人的最高、最低、最远和最近工作范围。

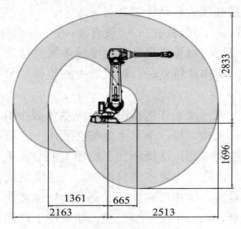

图 1-18　工业机器人工作范围

3. 最大工作速度

最大工作速度是指机器人在空载、稳态运动时所能够达到的最大稳定速度，或者末端最大的合成速度。运动速度决定了机器人工作效率，它是反映机器人性能水平的重要参数。

机器人工作速度用参考点在单位时间内能够移动的距离(mm/s)、转过的角度(° /s)或弧度(rad/s)表示，它按运动轴分别进行标注。当机器人进行多轴同时运动时，其空间工作速度应是所有参与运动轴的速度合成。

机器人的工作速度越高，效率越高。然而，速度越高，对运动精度影响越大，需要的驱动力越大，惯性也越大，而且机器人在加速和减速上需要花费更长的时间和更多的能量。一般根据生产实际中的工作节拍分配每个动作的时间，再根据机器人各动作的形成范围确定完成各动作的速度。机器人的总动作时间小于或等于工作节拍，如果两个动作同时进行，则按照时间较长的计算。在实际应用中，单纯考虑最大稳定速度是不够的，还应注意其最大允许加速度。最大加速度则要受到驱动功率和系统刚度的限制。

4. 定位精度

机器人的定位精度是指机器人定位时，末端执行器实际到达的位置和目标位置间的误差值，它是衡量机器人作业性能的重要技术指标。机器人样本和说明书中所提供的定位精度一般是各坐标轴的重复定位精度(Position Repeatability，RP)，在部分产品上还提供了轨迹重复精度(Path Repeatability，RT)。

机器人的定位精度是根据使用要求确定的，而机器人本身能达到的定位精度则取决于机器人的定位方式、驱动方式、控制方式、缓冲方式、运动速度、臂部刚度等因素。机器人的定位需要通过运动学模型来确定末端执行器的位置，其理论位置与实际位置之间本身就存在误差；加上结构刚度、传动部件间隙、位置控制和检测等多方面的原因，其定位精度并不高。因此，它一般只能用作零件搬运、装卸、码垛、装配的生产辅助设备，或是用于位置精度要求不高的焊接、切割、打磨、抛光等粗加工。

5. 承载能力

承载能力(Payload)是指机器人在工作范围内任意位姿所能承受的最大重量，其不仅取决于负载的质量，还与机器人在运行时的速度与加速度有关。它一般用质量、搬运、装配、力转矩等技术参数表示。对专用机械手来说，其承载能力主要根据被抓取物体的质量来定，其安全系数一般可在 1.5～3.0 之间选取。

搬运、装配、包装类机器人的承载能力是指机器人能抓取的物品质量，产品样本所提供的承载能力是指不考虑末端执行器质量、假设负载重心位于手腕参考点时，机器人高速运动可抓取的物品重量。

焊接、切割等加工机器人无需抓取物品，因此，所谓承载能力，是指机器人所能安装的末端执行器质量。切削加工类机器人需要承担切削力，其承载能力通常是指切削加工时所能够承受的最大切削进给力。

为了能够准确反映负载重心的变化情况，机器人承载能力有时也可用允许转矩(Allowable Moment)的形式表示，或者通过机器人承载能力随负载重心位置变化图来详细表示承载能力参数。图 1-19 所示为承载能力为 3 kg 的 ABB 公司的 IRB120 机器人承载能力图。

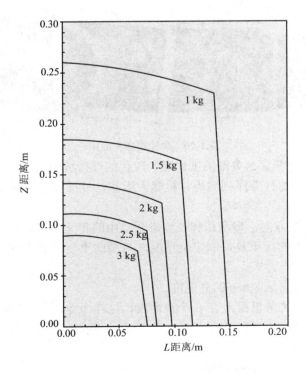

图 1-19 IRB120 机器人承载能力图

1.5 典型的工业机器人

1.5.1 焊接机器人

弧焊机器人是指能将焊接工具按要求送到预定空间位置，并按要求轨迹及速度移动焊接工具的工业机器人。

焊接在工业制造的连接工艺过程中是最重要的应用。手工焊接需要高技术的工人，因为焊接中出现的一点小瑕疵都将导致严重的后果。焊接机器人应用如图 1-20 所示。

图 1-20　焊接机器人应用

为什么机器人能胜任这么关键的工作呢？现代的焊接机器人有以下特征：

(1) 计算机控制使得任务序列编程、机器人运作、外部驱动装置、传感器以及和外部通信成为可能。

(2) 对机器人位置/方向、参考系和轨迹进行自由的定义和参数化。

(3) 轨迹具有高度的可重复性和定位精度。典型的重复能力大约在 ±0.1 mm，定位精度大约在 ±1.0 mm。

(4) 末端执行器有高达 8 m/s 的高速度。

(5) 典型情况下，关节机器人有 6 个自由度，这样命令的方向和位置在其工作范围内都能触及。通过将机器人放在一个线性轴上(7 个自由度)对工作区间进行延展是很常见的，尤其在焊接大型结构上。

(6) 典型的有效载荷是 6～100 kg。

(7) 先进的可编程逻辑控制器(PLC)能力，比如高速输入/输出控制器和机器人单元内部的协同动作。

(8) 对高级别工厂通过现场总线和以太网连接进行控制。

按焊接方式，焊接机器人分为点焊和弧焊。

点焊：将焊件压紧在两个柱状电极之间，通电加热，使焊件在接触处熔化形成熔核，然后断电，并在压力下凝固结晶，形成组织致密的焊点。图 1-21 所示为点焊机器人的应用。

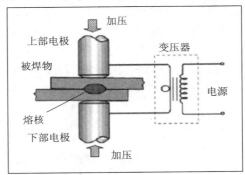

图 1-21　点焊机器人的应用

点焊对焊接机器人的要求不是很高。因为点焊只需点位控制，而且在点与点之间移动时速度要快，至于焊钳在点与点之间的移动轨迹没有严格要求，这也是机器人最好用于点焊的原因。点焊机器人不仅要有足够的负载能力，而且动作要平稳，定位要准确，以减少移动的时间。总之，点焊机器人的主要要求为：定位精度和焊接质量。定位精度由机器人的本体结构精度和控制器综合决定，点焊质量由焊接系统决定。点焊的焊枪形式如图 1-22 所示。

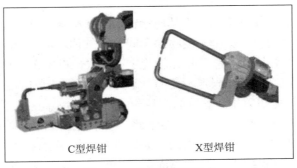

C型焊钳　　X型焊钳

图 1-22　点焊的焊枪形式

弧焊：弧焊是利用电弧放电所产生的热量熔化焊条和工件，冷却凝结在一起的过程。

弧焊过程比点焊过程要复杂得多，焊丝端头的运动轨迹、焊枪姿态、焊接参数都要求精度控制。图 1-23 展示了弧焊的原理。

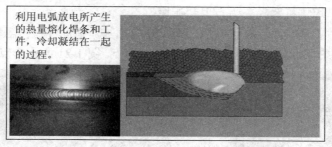

利用电弧放电所产生的热量熔化焊条和工件，冷却凝结在一起的过程。

图 1-23　弧焊的原理

弧焊机器人的系统组成如图 1-24 所示。弧焊对机器人的主要要求如下：

(1) 弧焊作业均采用连续路径控制(CP)，其定位精度应≤±0.5 mm。

(2) 弧焊机器人可达到的工作空间大于焊接所需的工作空间。

(3) 弧焊机器人应具有防碰撞、焊枪矫正、焊缝自动跟踪、清枪焊丝等功能。

(4) 弧焊机器人应具有较高的抗干扰能力和可靠性，并有较强的故障自诊断功能。

(5) 弧焊机器人示教记忆容量应大于 5000 点。

(6) 弧焊机器人的抓重一般为 5～20 kg，经常选用 8 kg 左右。

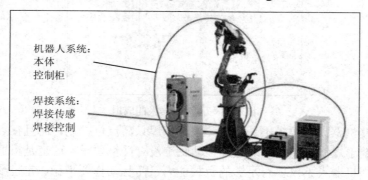

机器人系统：
本体
控制柜

焊接系统：
焊接传感
焊接控制

图 1-24　弧焊机器人的系统组成

1.5.2　喷涂机器人

喷涂机器人是指能自动喷漆或喷涂其他涂料的工业机器人。

喷涂机器人最显著的特点就是不受喷涂车间有害气体环境的影响，可以重复进行相同的操作动作而不厌其烦，因此喷涂质量比较稳定；其次，机器人的操作动作是由程序控制的，对于同样的零件控制程序是固定不变的，因此可以得到均匀的表面涂层；再次，机器人的操作动作控制程序是可以重新编制的，不同的程序针对不同的工件，所以可以适应多种喷涂对象在同一条喷涂线上进行喷涂。有鉴于此，喷涂机器人在喷涂领域越来越受到重视。

由于喷涂车间内的漆雾是易燃易爆的，如果机器人的某个部件产生火花或温度过高，就会引燃喷涂车间内的易燃物质，引起喷涂车间内的大火，甚至引起爆炸。所以，防爆系统的设计是设计电动喷涂机器人重要的一部分。其次，由于喷涂在工件表面的尤其是黏性流体介质，需要干燥后才能固化，在喷涂过程中，机器人不得解除已喷涂的工件表面，否则将破坏表面喷涂质量，因此喷枪输漆管路等都不得在机器人手臂外部悬挂，而是从手臂中穿过，这在一定程度上影响机器人的关节角转动范围。再次，喷涂机器人需配置流量控制系统与换色系统，以适应不同色彩的需要。喷涂机器人系统组成如图 1-25 所示。

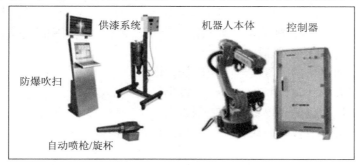

图 1-25 喷涂机器人系统组成

与其他工业机器人相比，喷涂机器人在适应环境和动作要求上有如下特点：

(1) 工作环境包含易爆的喷涂剂蒸汽。

(2) 沿轨迹高速运动，途经各点均为作业点，属于轨迹控制。

(3) 多数机器人和被喷涂件都搭载在传送带上，边移动边喷涂，所以它要具备一些特殊性能。

1.5.3 码垛机器人

码垛机器人(如图 1-26 所示)是典型的机电一体化高科技产品，它对企业提高生产效率、增加经济效益、保证产品质量、改善劳动条件、优化作业布局的贡献非常巨大，其应用的数量和质量标志着企业生产自动化的先进水平。时至今日，机器人码垛是工厂实现自动化生产的关键，是工业大生产发展的必然趋势，因而研制与推广高速、高效、高智、可靠、节能的码垛机器人具有重大意义。

图 1-26 码垛机器人

所谓机器人码垛作业，就是按照集成化、单元化的思想，由机器人自动将输送线或传送带上源源不断传输的物件按照一定的堆放模式，在预置货盘上一件件地堆码成垛，实现单元化物垛的搬运、存储、装卸、运输等物流活动。码垛机器人是一种专门用于自动化搬运码垛的工业机器人，替代人工搬运与码垛，能迅速提高企业的生产效率和产量，同时还能显著减少人工搬运造成的差错。它可全天候作业，可广泛应用于化工、饮料、食品、啤酒、塑料等生产企业，对各种纸箱、啤酒箱、袋装、罐装、瓶装物品都能适用。

码垛机器人的关键技术包括：

(1) 智能化、网络化的码垛机器人控制器技术；

(2) 码垛机器人的故障诊断与安全维护技术；

(3) 模块化、层次化的码垛机器人控制器软件系统技术；

(4) 码垛机器人开放性、模块化的控制系统体系结构技术。

1.5.4 检测机器人

检测机器人是机器人家族中的特殊成员，是专门用于检查、测量等场合的机器人，按运动方式和应用场合可分为多种类型，它们在不同行业或部门发挥着重要作用。

图 1-27 所示为一种中央空调风管检测机器人，它能够深入空调风管内部详细检测相关数据或情况，为后续处置方案的决定提供可靠资料。

图 1-27 中央空调风管检测机器人

图 1-28 所示为一种在零件加工现场使用的应力检测机器人，它能够凭借所携应力检测仪准确检测工件的应力状况，为加工合格产品提供有力帮助。

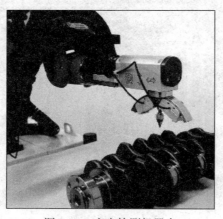

图 1-28 应力检测机器人

图 1-29 所示为一种视觉检测机器人，它位于生产流水线旁，仔细查看每一个从它面前高速经过的物品，准确判断其是否合格，为提高企业产品的良品率做出贡献。

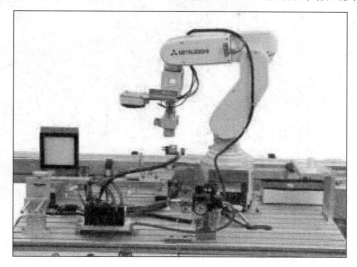

图 1-29 视觉检测机器人

图 1-30 所示为一种轮式管道检测机器人，个头虽然小巧，却是一个典型的机、电、仪一体化系统。该机器人携带着一种或多种传感器及操作机械，在工作人员的遥控操作或计算机操控系统控制下沿细小管道内部或外部自动行走，进行系列管道检测作业。

图 1-30 轮式管道检测机器人

1.5.5 装配机器人

装配机器人是柔性自动化装配系统的核心设备，常用的装配机器人主要有可编程通用装配操作手机器人(Programmable Universal Manipula-tor for Assembly，PUMA)和平面双关节型机器人(Selective Compliance Assembly Robot Arm，SCARA)两种类型。与一般工业机器人相比，装配机器人具有精度高、柔顺性好、工作范围小、能与其他系统配套使用等特点，主要用于各种电器的制造行业。图 1-31 展示了装配机器人的应用。

图 1-31　装配机器人的应用

装配机器人的大量作业是轴与孔的装配，为了在轴与孔存在误差的情况下进行装配，应使机器人具有柔顺性。主动柔顺性是根据传感器反馈的信息，而从动柔顺性则利用不带动力的机构来控制手爪的运动以补偿其位置误差。柔顺装置，一部分允许轴做侧向移动而不转动，另一部分允许轴绕远心(通常位于离手爪最远的轴端)转动而不移动，分别补偿侧向误差和角度误差，实现轴孔装配。

装配机器人、人工装配、专用装配机械的优缺点对比如表 1-4 所示。

表 1-4　装配机器人、人工装配、专用装配机械的优缺点对比表

装配机器人	人　工	专用装配机械
速度不如专用装配机械适应变换快	速度不如专用装配机械适应变换快；对工作环境要求高	装配速度快、成本高、无法适应变化
适用于大件、多品种、小批量、人又不能胜任的场合		适用于大量、高速生产的场合

1.5.6　轮式移动机器人(AGV)

移动机器人(如图 1-32 所示)是一种在复杂环境下工作的，具有自行组织、自主运行、自主规划的智能机器人，它融合了计算机技术、信息技术、通信技术、微电子技术和机器人技术等。从工作环境来分，移动机器人可分为室内移动机器人和室外移动机器人；从移动方式来分，移动机器人可分为轮式移动机器人、步行移动机器人、蛇形移动机器人、履带式移动机器人和爬行机器人。目前，在工业上得到广泛应用的自动导引运输车(Automated Guided Vehicle，AGV)属于轮式移动机器人，它是工业机器人家族中的重要成员。AGV 装备着电磁或光学等自动导引装置，能够沿规定的导引路径行驶，具有安全保护和各种移载功能。AGV 的核心技术体现在路径导航、安全控制和驱动匹配等方面。AGV 由计算机控制，具有移动、自动导航、多传感器控制、网络交互等功能，可用于机械、电子纺织、卷烟、医疗、食品、造纸物流(以 AGV 为活动装配平台)等领域，还可在车站、机场、邮局的

物品分拣中作为运输工具使用。

图 1-32　移动机器人(AGV)

国际物流技术发展的新趋势之一就是广泛采用自动化、智能化技术和装备，而移动机器人是其中的核心，是利用现代物流技术配合、支撑、改造提升传统生产线，实现点对点自动存取的高架箱储、作业和搬运相结合，实现精细化、柔性化、信息化，缩短物流流程、降低物料损耗、减少占地面积、降低建设投资等的高新技术和装备。

1.6　机器人的发展趋势

机器人在标准化和规模化生产中得到广泛应用，如汽车行业、3C 行业等。机器人的主要工作是在系统化的生产环境下执行重复任务，代替大量的人工重复劳动，提高了企业的生产效率，也降低了生产成本，同时提升了产品质量的标准化。但是，这些应用只占任何一个富裕的社会中所需要的工业生产中的一小部分，尤其是考虑到公司的数量的快速增长和各种应用的需求涌现，工业机器人在小型和中型生产中的使用量仍然很小。

伴随工业生产的实际需求和科学技术的不断突破，未来机器人的技术的发展趋势主要包括以下几个方面。

1. 机器人操作机构设计

通过对机器人机构的创新，进一步提高机器人的负载-自重比。同时，机构向模块化、可重构方向发展，包括伺服电动机、减速器和检测系统三位一体化，以及机器人和数控技术一体化等。

2. 低成本组件

改性能机器人驱动约占了机器人整体成本的 1/3，同时改善过的模块化设计往往导致一个更高的硬件总成本(由于对机电一体化优化的机会更少)。另一方面，成本优化的(相对于某些应用程序)可以得到更专业的元件和更小的体积，而短系列定制的零部件生产成本较高。因为未来的机器人技术和自动化解决方案可能会为短系列定制组建提供所需的成本，我们可以将此解释为开机问题，这涉及技术和商业两个方面。其出发点可能是新的核心组建，可以适应多种系统和应用程序类型，这需要更多其他机电产品的研究。

3. 机器人控制技术

开放式、模块化控制系统，机器人驱控一体化技术，基于 PC 网络式控制器以及 CAD/CAM/机器人编程一体化技术等已经成为研究的热点。

4. 多传感融合技术

机器人感觉是把相关特性或相关物体特性转换为执行某一机器人功能所需要的信息。这些信息由传感器获得，是机器人顺利完成某一任务的关键。多种传感器的使用和信息的融合已成为进一步提高机器人智能性和适应性的关键。

5. 人机共融技术

人和机器人能在同一自然空间里紧密地进行协调工作，人和机器人可以相互理解、相互帮助，人机共融技术已成为机器人研究的热点。

6. 机器人网络通信技术

机器人网络通信技术是机器人由独立应用到网络化应用、由专用设备到标准化设备发展的关键。以机器人技术和物联网技术为主题的工业 4.0 被认为是第四次工业革命，而网络实体系统及物联网则是实现工业 4.0 的技术基础。因此，机器人网络通信与大数据、云计算以及物联网技术的结合成为机器人领域发展的主要方向之一。

7. 机器人虚拟现实技术

基于多传感器、多媒体、虚拟现实及临场感应技术，实现机器人的虚拟遥操作和人机交互。目前，虚拟现实技术在机器人中的作用已从仿真、预演发展到过程控制，能够使操作者产生置身于远端作业环境中的感觉来操作机器人。

8. 多智能体协调控制技术

多智能体系统是由一系列相互作用的智能体构成的，内部的各个智能体之间通过相互通信、合作、竞争等方式，完成单个智能体不能完成的、大量而又复杂的工作。机器人作为智能体已经广泛出现在多智能体系统中，多智能体的协调控制已经成为机器人领域研究的重要方向之一。

思　考　题

(1) 简述工业机器人按结构坐标系特点分类及常见应用场景。

(2) 三种驱动方式有哪些主要特点？

(3) 工业机器人系统主要由哪几部分组成？

(4) 说出工业机器人本体的主要组成部分以及各部分的主要功能。

(5) 简述工业机器人末端执行器的分类及应用场景。

(6) 工业机器人选型时，关键技术参数有哪些？

(7) 指出工业机器人主要技术指标之间的关系。

(8) 简述典型工业机器人的应用及关键参数。

(9) 机器人未来将向哪些方向发展？需突破的技术瓶颈有哪些？

第二章　工业机器人机械结构

 【知识点】

- ◆ 工业机器人机身不同结构的组成原理
- ◆ 工业机器人手部组成与种类
- ◆ 工业机器人臂部组成与种类
- ◆ 工业机器人腕部工作原理与种类
- ◆ 工业机器人行走机构的工作原理与种类

 【重点掌握】

- ★ 工业机器人的机械结构和各部分功能
- ★ 工业机器人的传动机构及路线

工业机器人的机身分为移动式和固定式两种。在制造业中，固定式机器人应用极为广泛，但随着核能工业、宇宙空间探索等方向的需要，移动式机器人和自主机器人的应用也越来越多。

2.1　工业机器人的机身与臂部结构

机器人机身的作用是直接连接、承载和支承手臂及行走机构的部件。机器人的应用环境各不相同，所以根据使用的运动形式、使用条件、负载能力等要求，对机器人采用不同的驱动装置、传动机构和工作装置，因此在不同使用要求下，机器人的机身结构有很大差异。

通常，机器人臂部在工作时可以实现升降、回转或俯仰等运动。驱动臂部动作的装置或传动件都安装在机身上。臂部设计的运动自由度越多，机身的结构和受力越复杂。另外，根据使用要求，机身既可以设计成为固定的基座，也可以连接到移动机构上，还可设计成为沿地面或架空轨道上运动的机构。

2.1.1　常见机身结构类型

常用的机身结构有以下几种类型：升降回转型机身结构、俯仰型机身结构、直移型机身结构和仿生机器人机身结构。

如图 2-1(a)所示,升降回转类型机器人的机身结构设计较简单,技术成熟,并且实现精度高。臂部的升降和回转运动通过液压、气动、机械、电气等形式均可以实现。如图 2-1(b)所示,机身的回转运动可采用回转轴由液压缸、气动缸进行驱动。机身的升降运动可以采用液压缸、气动缸或电机带动丝杆螺母机构进行驱动。该类型机器人的工作范围一般为圆柱形区域,主要用于搬运、码垛等工作。

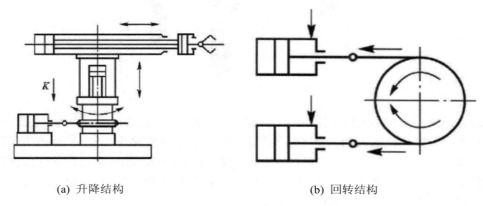

(a) 升降结构   (b) 回转结构

图 2-1 升降回转型机身结构

俯仰型机器人的机身主要由实现手臂左右回转和上下俯仰运动的结构组成,手臂的俯仰运动通过使用液压、气动执行元件或电机带动齿轮减速部件来实现。图 2-2 为俯仰型机身结构的示例,由液压元件驱动手臂绕固定铰点回转,实现执行机构的俯仰运动。该类型机器人工作区域为球型曲面。

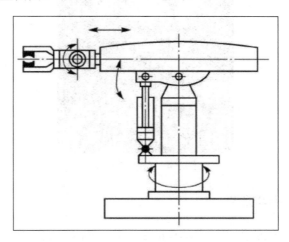

图 2-2 俯仰型机身结构

直移型机器人多为悬挂式的,其机身(如图 2-3 所示)实际上就是悬挂手臂的横梁,运动的轨迹通常为直线坐标形式。机器人进行设计时需要具有 2 或 3 个自由度,手臂能沿设计的运动轨迹平移,结构上通常使用电机带动丝杆螺母在导轨上进行往复运动,也可以使用液压气动等形式。该类型机器人工作区域为长方体区域。

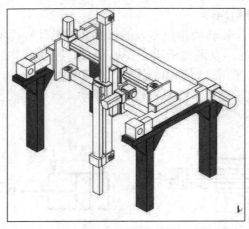

图 2-3　直移型机身结构

现在越来越多种类的仿生机器人出现在人们的视野中。图 2-4 所示为仿生机器人(也称类人机器人)。仿生机器人的机身上除装有驱动臂部的运动装置外，还应装有驱动腿部运动和腰部关节运动的装置。该类型机器人设计复杂，需要的驱动形式多样，并且包含的自由度数较多，控制方法复杂。当执行端在工作时，通常需要用到多个执行机构联合动作来完成。该类型机器人的工作区域可以几乎是任意的。

图 2-4　仿生机器人

2.1.2　常见的臂部结构类型

臂部结构是机器人能够完成要求动作的主要执行机构，它的作用是连接机器人腕部与机身部分，并带动执行器末端在空间运动。一般机器人手臂具有多个自由度，能够实现伸缩、左右回转和升降等动作。在工作过程中，机器人手臂要承受自身、手腕及末端执行器以及工件的重量，所以手臂的结构、工作范围、灵活性、承载能力和定位精度都直接影响工作时的性能。

根据臂部的结构形式，可以分为单臂式、双臂式、悬挂式，如图 2-5 所示。

(a) 单臂式

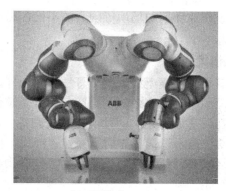
(b) 双臂式

(c) 悬臂式

图 2-5　手臂的结构形式

根据手臂的运动形式，又可以将手臂分为平移型和旋转型，如图 2-6 所示。

平移型手臂能够实现伸缩、升降等直线运动，能够实现手臂平移往复运动的机构形式有很多，如液压缸、气动缸、丝杆螺母机构等，如图 2-6(a)所示。实现机器人手臂回转运动的机构形式是多种多样的，常用的有回转缸、齿轮齿条传动、链轮传动机构和连杆机构。图 2-6(b)所示为连杆机构实现手臂的回转动作。

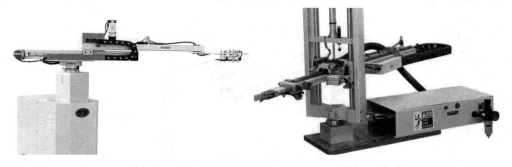
(a) 丝杆螺母直线机构　　　　　　　　(b) 回转运动机构

图 2-6　机器人手臂机构

2.1.3　工业机器人的机身与臂部的配置形式

机身和臂部的配置形式基本上反映了机器人的总体布局。由于机器人的运动要求、工作对象、作业环境和场地等因素的不同，出现了各种不同的配置形式。目前常用的有如下几种形式。

1. 横梁式

机身设计成横梁式，用于悬挂手臂部件，这类机器人的运动形式大多为移动式。它具有占地面积小、能有效地利用空间、直观等优点。横梁可设计成固定的或行走的，一般横梁安装在厂房原有建筑的柱梁或有关设备上，也可从地面上架设。

图 2-7 显示了臂部与横梁的配置形式。机器人只有一个铅垂配置的悬挂手臂，臂部除做伸缩运动外，还可以沿横梁移动，完成物料的搬运或工件加工。有的横梁装有滚轮，可沿轨道行走。

图 2-7　横梁式

2. 立柱式

立柱式机器人手臂和机身之间多采用回转型、俯仰型或屈伸型的运动形式。一般臂部都可在水平面内回转，具有占地面积小、工作范围大的特点。立柱式结构简单，多用于承担上、下料或转运等工作。臂部的配置形式如图 2-8 所示。图中为一台立柱式搬运机器人，以平行四边形铰接的四连杆机构作为臂部，以此实现俯仰运动，提升时工件始终保持铅垂状态；臂部回转运动后，可将零件搬运到指定位置。

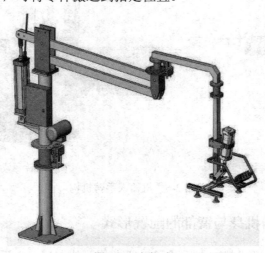

图 2-8　立柱式

3. 机座式

机座式机身配置，这种机器人可以是独立的、自成系统的完整装置，可随意安放和搬动，也可以具有行走机构。如图 2-9 所示，该六自由度机械手固定在机座上完成工件搬运工作，也可以给机器人增加行走机构以扩大其活动范围。

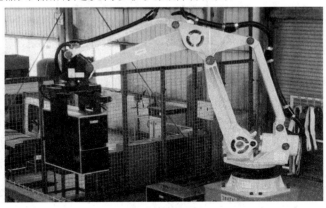

图 2-9 机座式

4. 屈伸式

屈伸式机器人的臂部由大小臂组成，大小臂间有相对运动，称为屈伸臂。屈伸臂与机身间的配置形式关系到机器人的运动轨迹，可以实现平面运动，也可以做空间运动。图 2-10(a)所示为平面屈伸式机器人，其大小臂是在垂直于机床轴线的平面上运动的，借助腕部旋转 90°，把垂直放置的工件送到机床两顶尖之间。

图 2-10(b)所示为空间屈伸式机器人，小臂相对大臂运动的平面与大臂相对机身运动的平面互相垂直，手臂夹持中心的运动轨迹为空间曲线。它能将垂直放置的圆柱工件送到机床两顶尖之间，而不需要腕部旋转运动。腕部只做小距离的横移，即可将工件送进机床夹头内。该机构占地面积小，能有效地利用空间，可绕过障碍进入目的地，较好地显示了屈伸式机器人的优越性。

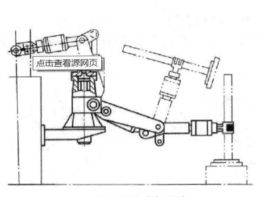 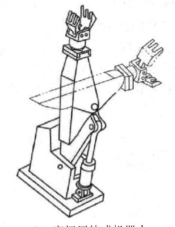

(a) 平面屈伸式机器人   (b) 空间屈伸式机器人

图 2-10 屈伸式机器人

　　手臂部件是机器人的主要执行部件，它的作用是支承腕部和手部，并带动它们在空间运动。机器人的臂部一般由大臂、小臂等组成，可以实现伸缩、屈伸或自转等运动。此外，根据臂部的运动和布局、驱动方式、传动和导向装置的不同，臂部结构可分为伸缩型臂部结构、转动伸缩型臂部结构、屈伸型臂部结构和其他专用的机械传动臂部结构。

2.2　工业机器人的手腕结构

　　机器人手腕是连接手臂和手部的结构部件，它的主要作用是调节或改变工件的方位。因此，它具有独立的自由度，以满足机器人手部完成复杂的姿态。机器人一般需要六个自由度才能使手部达到目标位置并处于期望的姿态。为了使手部能处于空间任意方向，一般需要三个自由度，即翻转、俯仰和偏转。通常把手腕的翻转叫作 Roll，用 R 表示；把手腕的俯仰叫作 Pitch，用 P 表示；把手腕的偏转叫作 Yaw，用 Y 表示。手腕结构多为上述三个回转方式的组合，组合的方式可以有多种形式。图 2-11 所示为典型的三自由度手腕。

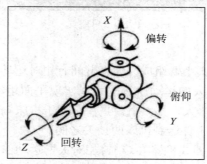

图 2-11　典型的三自由度手腕

2.2.1　根据自由度对手腕分类

　　手腕按照自由度数目来分，可以分为单自由度手腕、二自由度手腕和三自由度手腕。

1. 单自由度手腕

　　图 2-12(a)所示为 R 关节，它使手臂纵轴线和手腕关节轴线构成共轴线形式，其旋转角度大。图 2-12(b)所示为 B 关节，关节轴线与前、后两个连接件的轴线相垂直。图 2-12(c)所示为 T 关节，可使手爪横向移动。

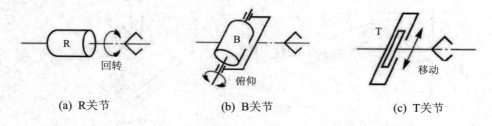

(a) R关节　　　　　　　　(b) B关节　　　　　　　　(c) T关节

图 2-12　单自由度手腕

2. 二自由度手腕

二自由度手腕可以是由一个 R 关节和一个 B 关节组成的 BR 手腕(如图 2-13(a)所示)，也可以是由两个 B 关节组成的 BB 手腕(如图 2-13(b)所示)。但是不能由两个 RR 关节组成 RR 手腕(如图 2-13(c)所示)，因为两个 R 关节共轴线，会减少一个自由度，实际只构成单自由度手腕。二自由度手腕中最常用的是 BR 手腕。

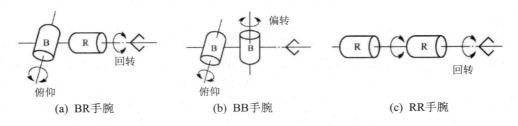

(a) BR手腕   (b) BB手腕   (c) RR手腕

图 2-13 二自由度手腕

3. 三自由度手腕

三自由度手腕可以是由 B 关节和 R 关节组成的多种形式的手腕，但实际应用中，常用的有 BBR、RRR、BRR、RBR 类型手腕。图 2-14(a)所示为 BBR 型手腕，该结构使手部具有俯仰、翻转、偏转三个运动；图 2-14(b)所示为 RRR 型手腕，该手腕应该对各关节进行偏置，避免出现同方向自由度重叠；图 2-14(c)所示为 BRR 型手腕；图 2-14(d)所示为 RBR 型手腕，该结构在第一个关节处进行了偏置。

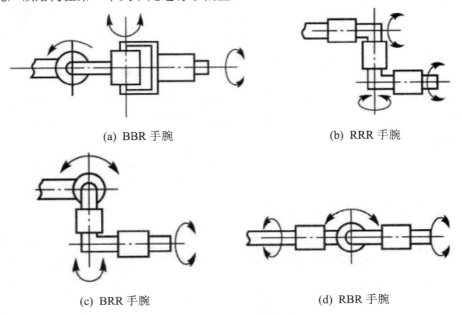

(a) BBR 手腕   (b) RRR 手腕

(c) BRR 手腕   (d) RBR 手腕

图 2-14 三自由手腕

2.2.2 柔顺手腕结构

柔顺手腕应用在精密装配作业中，是顺应现代机器人装配作业产生的一项技术，它主要应用于孔轴零件的装配作业中。当被装配件之间的配合精度要求高时，工件的定位夹具、机器人手爪的定位精度无法满足装配要求时，柔顺手腕可主动或被动地调整装配体之间的相对位姿，补偿装配误差，以顺利完成装配作业。

柔性顺序装配技术有两种：一种是从检测和控制的角度对装配零件之间的相对位置进行调整。如在手爪上配有视觉传感器、力传感器等，这种形式可称为主动柔顺装配。另一种是在手腕部结构上进行柔性设计，以满足柔顺装配的需要，这种柔性装配技术称为被动柔顺装配。

图 2-15 所示是具有移动和摆动浮动机构的柔顺手腕。水平浮动机构由平面、钢球和弹簧构成，实现在两个方向上进行浮动；摆动浮动机构由上下球面和弹簧构成，可以实现两个方向的摆动。在装配作业中，如果遇到夹具定位不准或机器人手爪定位不准时，可自行调整。动作过程如图 2-16 所示，在向孔中插入工件时，由于机械部分定位不准确，使工件中心轴线与孔中心轴线没有重合，在插入孔时会使工件局部卡住。此时，通过柔性手腕结构，手爪在阻力的作用下发生了一个微小的调整，使工件顺利安装。

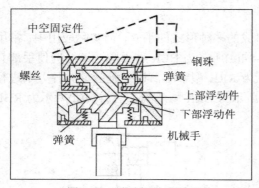

图 2-15　移动摆动柔顺手爪

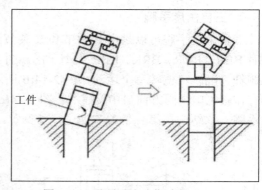

图 2-16　柔顺手腕动作过程

图 2-17 所示为板弹簧柔顺手腕，采用板弹簧作为柔性元件，在基座上通过板弹簧 1、2 连接框架，框架另外两个侧面上通过板弹簧 3、4 连接平板和轴，装配时通过 4 块板弹簧的变形实现柔性装配。

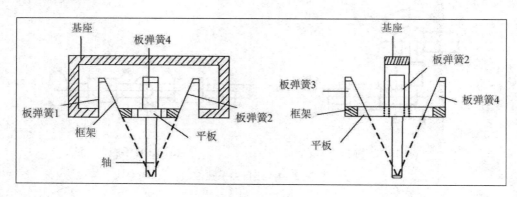

(a) 主视图　　　　　　　　　　(b) 左视图

图 2-17　板弹簧柔顺手腕

PUMA262 机器人的手腕采用的是 RRR 结构形式。安川 HP20 工业机器人的手腕采用的是 RBR 结构形式，如图 2-18 所示。

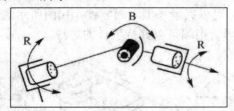

图 2-18　安川 HP20 工业机器人腕部结构形式

2.3　工业机器人的手部结构

机器人直接用于抓取和握紧(吸附)专用工具(如喷枪、扳手、焊具、喷头等)并进行操作的部件，一般称之为末端操作器。它具有模仿人手动作的功能，并安装于机器人手臂的前端。由于被握工件的形状、尺寸、重量、材质及表面状态等不同，因此工业机器人末端操作器是多种多样的，并大致可分为夹钳式手部、吸附式手部、专用操作器及转换器和仿生灵巧手部。

2.3.1　夹钳式手部

夹钳式手部是工业机器人最常用的一种手部形式,此类手指夹持工件进行搬运或加工的运动。夹钳式手部由手指、驱动机构、传动机构及连接与支承元件组成，能通过手爪的开闭动作实现对物体的夹持。一般情况下，机器人的手部只有两个手指，少数有三个或多个手指。它们的结构形式常取决于被夹持工件的形状和特性。夹钳式手部结构如图 2-19 所示。

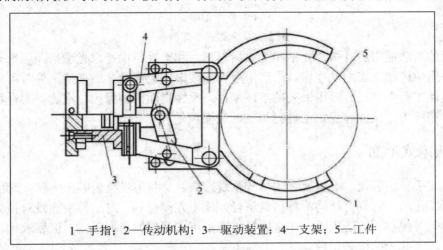

1—手指；2—传动机构；3—驱动装置；4—支架；5—工件

图 2-19　夹钳式手部结构

当机器人手部夹紧工件时，手指直接与工件接触。机器人的手部一般有两个手指或多个手指，其机构形式常取决于被夹持工件的形状和特性。根据被夹持工件的特点，通常将指端形状分为 V 形手指和平面手指。图 2-20 所示的三种 V 形指的形状,用于夹持圆柱面工件。当需要夹紧一些特殊形状工件时,需要采用特殊形式的指端结构。如图 2-21 所示,其中(a)图所示为平面指端,可以夹紧小型平面零件;(b)图所示的尖指端可以夹紧小型或柔性工件;(c)图所示的特殊形状指端可以夹持工件的边缘。

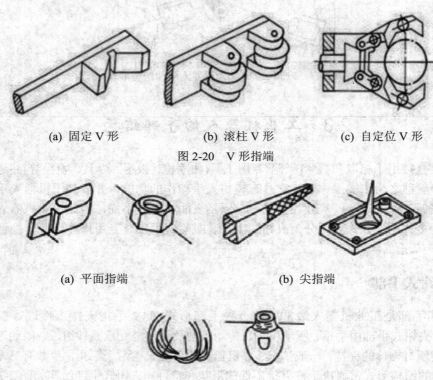

(a) 固定 V 形　　　　　　(b) 滚柱 V 形　　　　　　(c) 自定位 V 形

图 2-20　V 形指端

(a) 平面指端　　　　　　　　　　　　(b) 尖指端

(c) 特形指端

图 2-21　夹钳式手部指端

　　指面的形状通常设计成为光滑指面、齿形指面和柔性指面等。光滑指面用来夹持已加工表面,避免已加工表面受损伤。齿形指面表面被滚压上齿纹,当夹持工件时可以提高夹持力,确保工件夹紧,一般用来夹持毛坯零件。柔性指面内镶橡胶、泡沫等柔性物体,既可以增大摩擦力,又能够保护工件已加工的表面质量。

2.3.2　吸附式手部

　　吸附式手部由吸盘、吸盘架及进排气系统组成,是利用吸盘内的压力和大气压之间的压力差而工作的。它具有结构简单、重量轻、使用方便可靠、对工件表面没有损失、吸附力分布均匀等优点,广泛应用于非金属材料或不可有剩磁的材料吸附,但要求物体表面较平整光滑,无孔无凹槽等工件。

1. 真空吸附取料手

　　如图 2-22 所示,在取料时,蝶形橡胶吸盘与物体表面接触,橡胶吸盘在边缘既起到密封作用,又起到缓冲作用,然后真空抽气,吸盘内又形成真空,吸取物料;放料时,管路接通大气，失去真空，物体放下。为避免在取料、放料时产生撞击，有的还在支撑杆上配置有弹簧缓冲。图 2-23 所示为微小零件取料手，它适用于抓取微小工件。真空吸附取料工作可靠，吸附力大，但需要有真空系统，成本较高。

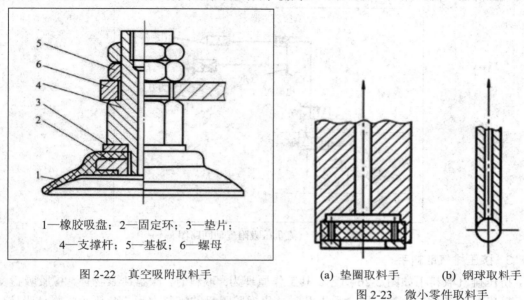

1—橡胶吸盘；2—固定环；3—垫片；
4—支撑杆；5—基板；6—螺母

图 2-22　真空吸附取料手

(a) 垫圈取料手　　(b) 钢球取料手

图 2-23　微小零件取料手

2. 气流负压吸附取料手

如图 2-24 所示，气流负压吸附取料手是利用流体力学的原理，当需要取物时，压缩空气高速流经喷嘴 5，在出口处的气压低于吸盘腔内的气压，于是腔内的气体被高速气流带走而形成负压，工件在负压下被吸附到橡胶吸盘上；当需要释放时，切断压缩空气即可。这种取料手需要压缩空气才能工作。

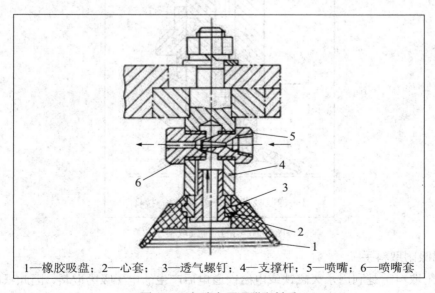

1—橡胶吸盘；2—心套；3—透气螺钉；4—支撑杆；5—喷嘴；6—喷嘴套

图 2-24　气流负压吸附取料手

　　图 2-25 为气流负压吸附气动回路图,当电磁阀在断电情况下,真空发生器中没有气流,气爪内不形成真空,不具有吸附能力;当电磁阀得电后,真空发生器中有气流通过,使气爪处气压降低,能够抓取一定重量的工件。

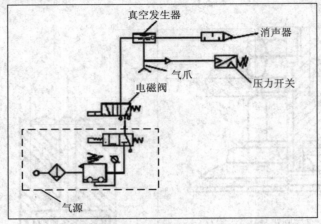

图 2-25　气流负压吸附气动回路图

3. 挤压排气取料手

　　挤压排气取料手如图 2-26 所示。其工作原理为:取料时,吸盘压紧物体,橡胶吸盘变形,挤出腔内多余的空气,取料手上升时,靠橡胶吸盘的恢复力形成负压,将物体吸住;释放时,压下拉杆 3,使吸盘腔与大气相连通而失去负压。该取料手结构简单,但吸附力小,吸附状态不易长期保持。

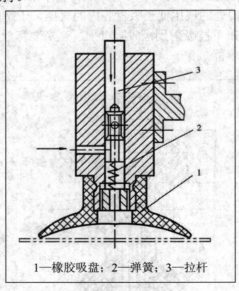

1—橡胶吸盘;2—弹簧;3—拉杆

图 2-26　挤压排气取料手

4. 磁吸附取料手

　　磁吸附取料手是利用永久磁铁或电磁铁通电后产生的电磁吸力取料,因此只能对铁磁物体起作用;另外,对某些不允许有剩磁的零件要禁止使用。所以,磁吸附取料手的使用有一定的局限性。磁吸附取料手工作原理如图 2-27 所示。当线圈 1 通电后，在铁芯 2 周围产生磁场，磁力线穿过铁芯，空气隙和衔铁 3 被磁化形成回路，衔铁受到电磁吸力 F 的作用被牢牢吸住；当断电时，衔铁在工件的重力作用下与铁芯分离。

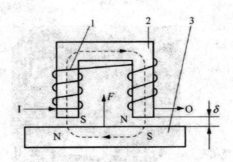

1—线圈；2—铁芯；3—衔铁

图 2-27　磁吸附取料手

2.3.3　专用操作器及转换器

机器人是一种通用性很强的自动化设备，可根据作业要求完成各种动作，再配上各种专用的末端操作器后，就能完成各种动作。例如，在通用机器人上安装焊枪就成为一台焊接机器人，安装拧螺母机则成为一台装配机器人。目前，由专用电动、气动工具改型而成的许多操作器(如图 2-28 所示)，有拧螺母机、焊枪、电磨头、电铣头、抛光头、激光切割机等，所形成的一整套系列供用户选用，使机器人能胜任各种工作。

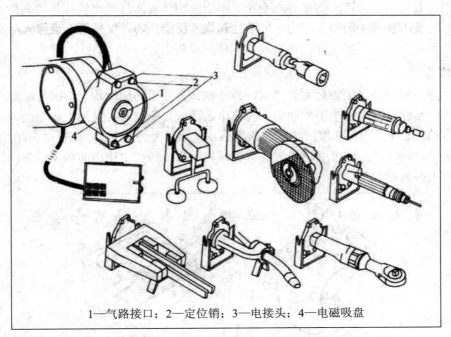

1—气路接口；2—定位销；3—电接头；4—电磁吸盘

图 2-28　各种专用末端操作器和电磁吸盘式换接器

机器人在作业时能自动更换不同的末端操作器，就需要配置具有快速装卸功能的换接器。换接器由两部分组成：换接器插座和换接器插头，分别装在机器腕部和末端操作器上，能够实现机器人对末端操作器的快速自动更换，如图 2-29 所示。

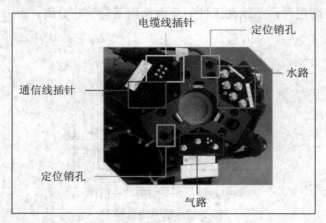

图 2-29　电磁吸盘式换接器

　　专用末端操作器换接器的要求主要有：同时具备气源、电源及信号的快速连接与切换；能承受末端操作器的工作载荷；在失电、失气情况下，机器人停止工作时不会自行脱离，具有一定的换接精度等。

2.3.4　仿生灵巧手部

　　夹钳式取料手不能适应物体外形变化，不能使物体表面承受比较均匀的夹持力。为了提高机器人手爪和手腕的操作能力、灵活性和快速反应能力，使机器人能像人手那样进行各种复杂作业，因此需要设计出动作灵活多样的灵巧手。

1. 柔性手

　　为了能对不同外形的物体实施抓取，并使物体表面受力比较均匀，因此研制出了柔性手。多关节柔性手腕中每个手指由多个关节串联而成；驱动源可采用电机驱动或液压、气动元件驱动；柔性手腕可抓取凹凸不平的物体并使物体受力较为均匀。图 2-30 所示为多关节柔性手指，传动部分由牵引钢丝绳及摩擦滚轮组成，每个手指由两根钢丝绳牵引，分别控制手指的握紧和放松。

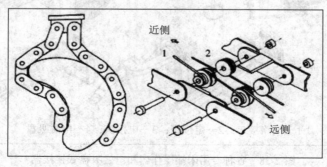

图 2-30　多关节柔性手指

2. 多指灵巧手

多指灵巧手是模仿人类手指设计，它可以具有多个手指，每个手指有 3 个回转关节，每个关节的自由度都是独立控制的。因此，该类型手指能够完成各种复杂动作，如拧螺钉、搬运不规则物体。如果在手部配置触觉、力觉等传感器，将会使机器灵巧手的功能更加接近人类手指。

图 2-31 所示为加拿大 ROBOTIQ 公司研发的仿生多指灵巧手，该手部能够模仿人手动作，手部由多个手指组成，每一个手指有 3 个回转关节，每一个关节自由度都是独立控制的。该仿生多指灵巧手各种复杂动作都能模仿，可以抓取不同形状和尺寸的工件，灵活性强。

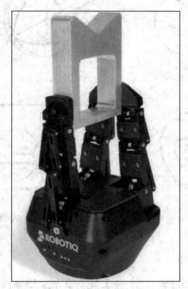

图 2-31　仿生多指灵巧手

2.4　工业机器人的行走机构

行走机构是行走机器人的重要执行部件，它由驱动装置、传动机构、位置检测元件、传感器、电缆及管路等组成。它一方面支承机器人的机身、臂部和手部，另一方面还根据工作任务的要求，带动机器人实现在更广阔的空间内运动。

一般而言，行走机器人的行走机构主要有车轮式行走机构、履带式行走机构和足式行走机构，此外，还有步进式行走机构、蠕动式行走机构、混合式行走机构和蛇行式行走机构等，以适用于各种特殊场合。

2.4.1　车轮式行走机器人

车轮式行走机器人是机器人中应用最多的一种，在相对平坦的地面上，用车轮移动方式行走是相当优越的。

1. 车轮的形式

车轮的形状或结构形式取决于地面的性质和车辆的承载能力。在轨道上运行的多采用实心钢轮，室外路面行驶的采用充气轮胎，室内平坦地面上的可采用实心轮胎。

图 2-32 所示为不同地面上采用的不同车轮形式。图 2-32(a)所示适合于沙丘地形；图 2-32(b)所示是为在火星表面移动而开发的；图 2-32(c)所示适合于平坦的坚硬路面；图 2-32(d)所示为车轮的一种变形，称为无缘轮，用来爬越阶梯，以及在水田中行驶。

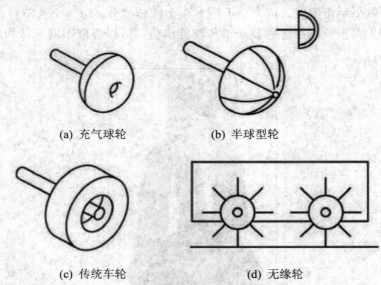

(a) 充气球轮　　　　　　　(b) 半球型轮

(c) 传统车轮　　　　　　　(d) 无缘轮

图 2-32　车轮的不同形式

2. 车轮的配置和行走机构

车轮式行走机构依据车轮的多少分为 1 轮、2 轮、3 轮、4 轮以及多轮机构。1 轮和 2 轮行走机构在实现上的主要障碍是稳定性问题，实际应用的车轮式行走机构多为 3 轮和 4 轮。

3 轮行走机构具有一定的稳定性，代表性的车轮配置方式是一个前轮，两个后轮。图 2-33(a)所示为两后轮独立驱动，前轮仅起支撑作用，靠后轮的转速差实现转向；图 2-33(b)所示则采用后轮驱动、前轮转向的方式；图 2-33(c)所示利用两后轮差动减速器驱动、前轮转向的方式。

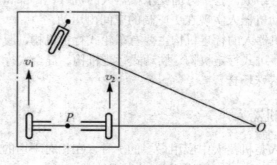

(a) 后轮驱动，前轮支撑

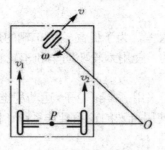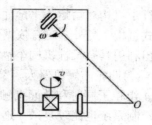

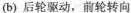

(b) 后轮驱动，前轮转向   (c) 差动齿轮驱动

图 2-33 三轮机构的原理图

图 2-34 所示的三组轮是由美国 Unimation stanford 行走机器人课题研究小组设计研制的。它采用了三组轮子，呈等边三角形分布在机器人的下部。为了改进该机器人的稳定性，Unimation stanford 研究小组重新设计了一种三组轮。改进后的特点是使用长度不同的两种滚轮：长滚轮呈锥形，固定在短滚轮的凹槽里。这样可大大减小滚轮之间的间隙，减小了轮子的厚度，提高了机器人的稳定性。此外，滚轮上还附加了软橡皮，具有足够的变形能力，可使滚轮的接触点在相互替换时不发生颠簸。

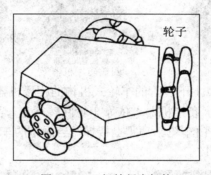

图 2-34 三组轮行走机构

四轮车的驱动机构和运动基本上与三轮车相同，行走机构的应用最为广泛。图 2-35(a) 所示为两轮独立驱动，前后带有辅助轮的方式，当旋转半径为 0 时，由于能绕车体中心旋转，因此有利于在狭窄场所改变方向。图 2-35(b) 所示是所谓汽车方式，适合于高速行走，但用于低速的运输搬运时，费用不合算，所以小型机器人不大采用此种方式。

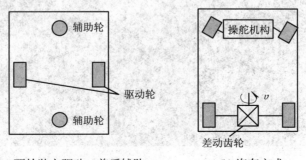

(a) 两轮独立驱动，前后辅助   (b) 汽车方式

图 2-35 四轮车的驱动机构和运动

3. 越障轮式机构

普通车轮行走机构对崎岖不平地面适应性很差，为了提高轮式车辆的地面适应能力，研究了越障轮式机构。另外，还有依据使用目的，使用六轮驱动车和车轮直径不同的轮胎车，也有的提出利用具有柔性机构车辆的方案。

图 2-36 所示为四轮防爆机器人，该轮系由于采用了 4 组轮子，运动稳定性有很大提高。但是，要保证 4 组轮子同时和地面接触，必须使用特殊的轮系悬挂系统。同时，它需要 4 个驱动电机，控制系统也比较复杂，造价也较高。

图 2-36　四轮防爆机器人

图 2-37 所示为一个可以上下台阶的车轮式机构的爬楼机器人。其车轮的大小取决于台阶的尺寸。在平坦的地面上，爬楼机器人依靠车轮回转行走，当最前方辅助轮碰到台阶后，辅助轮支架方向将车撑起并由车轮驱动爬上楼梯，当后方的车轮上到第二个台阶后，辅助轮又重复支撑，直至登完台阶。

图 2-37　爬楼机器人

图 2-38 所示为一个可以在不平地面移动的多节车轮式机构的火星探测车，它可在火星表面进行移动，用于火星考察。1、2 两节间由三轴旋转关节和一个移动关节相连，2、3

两节间由三轴旋转关节相连。这种机构构成可以爬越沟坎。

图 2-38　火星探测车

2.4.2　履带式行走机构

车轮式行走机构只有在平坦坚硬的地面上行驶才有理想的运动特性。如果地面凹凸程度和车轮直径相当，或地面很软，则它的运动阻力增大。履带式行走机构适合于在未加工的天然路面行走，它是车轮式行走机构的拓展，履带本身起着给车轮连续铺路的作用。图2-39 所示为履带式防爆机器人。

图 2-39　履带式防爆机器人

履带式行走机构与车轮式行走机构相比，有如下特点：

(1) 其支承面积大，接地比压小，下陷度小，滚动阻力小，适合于在松软或泥泞场地进行作业。

(2) 其越野机动性好，爬坡、越沟等性能均优于车轮式行走机构。

(3) 其履带支承面上有履齿，不易打滑，牵引附着性能好，有利于发挥较大的牵引力。

(4) 其结构复杂，重量轻，运动惯性大，减振功能差，零件易损坏。

为提高履带式行走机构的地面适应能力、越障能力和行走机动性能，开发了一些新颖独特的机构形式。如图 2-40 所示为多地形履带机器人，采用六条履带的方式，该设计大大提升了履带的机动性能，通过对履带的控制，可以实现越障、爬楼等功能。

图 2-40　多地形履带机器人

　　图 2-41 所示为一种四履带式全地形机器人行走机构外形，它两侧各由两条形状可变的履带组成，分别由两个主电动机驱动。当履带速度相同时，实现前进或后退行走；当履带速度不同时，整个机器实现转向运动。当主臂杆绕履带架上的轴旋转时，可以改变机器人的高度，从而实现履带的不同构形，以适应不同的行走环境。图 2-42 为四履带式爬楼机器人行走机构实现上、下台阶。

图 2-41　四履带式全地形机器人　　　　　　图 2-42　四履带式爬楼机器人

2.4.3　全方位移动车

　　过去的车轮式移动机构基本上是 2 自由度的，因此不可能简单地实现任意的定位和定向。机器人的定位，用四轮构成的车可通过控制各轮的转向角来实现。自由度多、能简单设定机器人所需位置及方向的移动车称为全方位移动车。图 2-43 所示是一种四轮均可进行驱动和偏转的移动机构示意图，行走电机 M_1 转动时，通过蜗杆蜗轮副 5 和锥齿轮副 2 带动车轮 1 转动；当转向电机 M_2 转动时，通过另一对蜗杆蜗轮副 6、齿轮副 9 带动车轮支架 10 适当偏转。当各车轮采取不同的偏转组合，并配以相应的车轮速度后，便能够实现不同的移动方式。

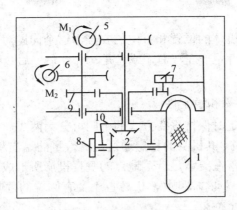

图 2-43　一种四轮驱动和偏转的移动机构示意图

2.4.4　足式行走机器人

根据调查，地球上近一半的地面不适合于传统的车轮式或履带式车辆行走。但是一般多足动物却能在这些地方行动自如，显然足式与车轮式和履带式行走方式相比具有独特的优势。足式行走对崎岖路面具有很好的适应能力，足式运动方式的立足点是离散的点，可以在可能到达的地面上选择最优的支承点，而车轮式和履带式行走工具必须面临最劣地形上的几乎所有点；足式运动方式还具有主动隔振能力，尽管地面高低不平，机身的运动仍然可以相当平稳；足式行走方式在不平地面和松软地面上的运动速度较高，能耗较少。

1. 足的数目

现有的步行机器人的足数分别为单足、双足、三足、四足、六足、八足甚至更多。足的数目多，适合于重载和慢速运动。双足和四足具有最好的适应性和灵活性，也是最接近人类和动物。图 2-44(a)所示为类人两足机器人，图 2-44(b)所示为类人两足机器人结构简图。

(a) 类人两足机器人

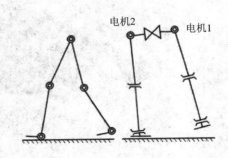

(b) 类人两足机器人结构简图

图 2-44　类人两足机器人

2. 足的配置

足的配置指足相对于机体的位置和方位的安排，这个问题对于多于两足时尤为重要。就两足而言，足的配置或者是一左一右，或者是一前一后。后一种配置因容易引起腿间的干涉而实际上很少用到。

3. 足式行走机构的平衡和稳定性

足式行走机构按其行走时保持平衡方式的不同可分为两类。

(1) 静态稳定的多足机。其机身的稳定通过足够数量的足支承来保证。在行走过程中，机身重心的垂直投影始终落在支承足着落地点的垂直投影所形成的凸多边形内。这样，即使在运动中的某一瞬时将运动"凝固"，机体也不会有倾覆的危险。这类行走机构的速度较慢，它的步态为爬行或步行。

四足机器人在静止状态是稳定的，如图 2-45 所示。在步行时，当一只脚抬起，另三只脚支承自重时，必须移动身体，让重心落在三只脚接地点所组成的三角形内。如图 2-46 所示，步行机器人由于行走时可保证至少有三足同时支承机体，在行走时更容易得到稳定的重心位置。

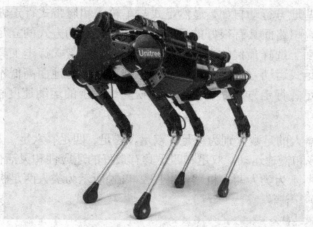

图 2-45　四足机器人

图 2-46　六足机器人

(2) 动态稳定的多足机。其典型例子是踩高跷。高跷与地面只是单点接触，两根高跷在地面不动时站稳是非常困难的，要想原地停留，必须不断踏步，不能总是保持步行中的某种瞬间姿态。

在动态稳定中，机体重心有时不在支承图形中，利用这种重心超出面积外而向前产生倾倒的分力作为行走的动力，并不停地调整平衡点以保证不会跌倒。这类机构一般运动速度较快，消耗能量小。其步态可以是小跑和跳跃。图 2-47 所示为费斯托公司研发的机器袋鼠。

图 2-47　机器袋鼠

思 考 题

(1) 工业机器人常见的机身结构类型有哪些？

(2) 说出工业机器人常见的臂部结构类型及其应用特点。

(3) 工业机器人手腕有哪些作用？

(4) 陈述工业机器人手部的类型、特点及其可应用的工作环境。

(5) 机器人行走机构分为哪些类？并说明各类型的适用环境。

第三章　工业机器人控制系统

【知识点】

◆　工业机器人控制系统的基本原理
◆　工业机器人控制系统的基本组成
◆　工业机器人的位置控制
◆　工业机器人的速度控制
◆　工业机器人的力(力矩)控制
◆　工业机器人的示教-再现控制方式
◆　工业机器人控制系统硬件架构
◆　工业机器人驱动器
◆　工业机器人关键伺服电机的选型计算

【重点掌握】

★　工业机器人控制系统的基本组成
★　工业机器人的位置控制
★　工业机器人的示教-再现控制方式
★　工业机器人驱动器

工业机器人控制系统类似于人类的大脑，是工业机器人的指挥中枢，支配着机器人按规定的程序运动，并记忆人们给予的指令信息(如动作顺序、运动轨迹、运动速度等)，同时按其控制系统的信息对执行机构发出执行指令。工业机器人控制系统的主要任务是控制工业机器人在工作空间中的运动位置、姿态、轨迹、操作顺序以及动作时间等事项。系统架构如图 3-1 所示。

对于复杂的控制项目，工业机器人的控制系统具有以下特性：

(1) 工业机器人的控制与其机构运动学和系统动力学存在着密不可分的关系，因而要使工业机器人的臂、腕及末端执行器等部位在空间具有准确无误的位姿，就必须在不同的坐标系中描述它们，并且随着基准坐标系的不同能做适当的坐标变换，同时要经常求解运动学和动力学问题。

(2) 描述工业机器人状态和运动的数学模型是一个非线性模型，会随着工业机器人的运动及环境的变化而改变。又因为工业机器人往往具有多个自由度，所以引起其运动变化的变量不止一个，而且各个变量之间通常都存在耦合问题。这就使得工业机器人的控制系统不仅是一个非线性系统，而且是一个多变量系统。

(3) 对工业机器人臂、腕及末端执行器等部位的任一位姿都可以通过不同的方式和路径达到，因而工业机器人的控制系统还必须解决优化求解的问题。

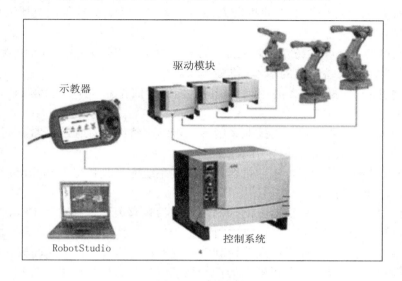

图 3-1　系统架构

3.1　工业机器人控制技术概述

3.1.1　工业机器人控制系统的基本原理

机器人控制系统可以分成四部分：机器人及其感知器、环境、任务、控制器。机器人是由各种机构组成的装置，它通过感知器实现本体和环境状态的检测及信息互换，也是控制的最终目标；环境是指机器人所处的周围环境，包括几何条件、相对位置等，如工件的形状、位置、障碍物、焊接的几何偏差等；任务是指机器人要完成的操作，它要适当的程序语言来描述，并把它们存入控制器中，随着系统的不同，任务的输入可能是程序方式、文字、图形或声音方式等；控制器包括软件和硬件两大部分，相当于人的大脑，它是以计算机或者专用控制器运行程序的方式来完成给定任务的。为实现具体作业的运动控制，还需要相应地用机器人语言开发用户程序。

而为使工业机器人能够按照要求完成特定的作业任务，其控制系统需完成以下四个过程。

(1) 示教过程：通过工业机器人计算机系统可以接受的方式，告诉工业机器人去做什么，给工业机器人下达作业命令。

(2) 计算与控制过程：负责工业机器人整个系统的管理、信息的获取与处理、控制策略的定制以及作业轨迹的规划。这是工业机器人控制系统的核心部分。

(3) 伺服驱动过程：根据不同的控制算法，将工业机器人的控制策略转化为驱动信号、驱动伺服电机等部分，实现工业机器人的高速、高精度运动，以便完成指定的作业。

(4) 传感与检测过程：通过传感器的反馈，保证工业机器人正确地完成指定作业，同时也将各种姿态信息反馈到工业机器人控制系统中，以便实时监控机器人整个系统的运行情况。

要想工业机器人能够顺畅完成以上控制过程，对工业机器人的控制系统就会提出一些具体要求，即要求其具备一定的基本功能。

(1) 记忆功能。工业机器人的控制系统应当能够存储作业顺序、运动路径、运动方式、运动速度和生产工艺相关的信息。

(2) 示教功能。工业机器人的控制系统应当能够离线编程、在线示教、间接示教。其中，在线示教应当包括示教盒和导引示教两种。

(3) 与外围设备联系功能。工业机器人的控制系统应当具备输入和输出接口、通信接口、网络接口、同步接口。

(4) 坐标设置功能。工业机器人的控制系统应当具有关节、绝对、工具、用户自定义四种坐标系。

(5) 人机接口功能。工业机器人的控制系统应当具有示教盒、操作面板和显示屏。

(6) 传感器接口功能。工业机器人的控制系统应当具有位置检测、视觉、触觉、力觉等功能。

(7) 位置伺服功能。工业机器人的控制系统应当具有多轴联动、运动控制、速度和加速度控制、动态补偿等功能。

(8) 故障诊断安全保护功能。工业机器人的控制系统应当具有运行时系统状态监视、故障状态下的安全保护和故障的自诊断功能。

3.1.2　工业机器人控制系统的基本组成

工业机器人控制系统的基本组成如图 3-2 所示。

各部分的功能与作用介绍如下：

(1) 控制计算机。它是工业机器人控制系统的调度指挥机构，一般为微型机、微处理器(有 32 位、64 位)等，如奔腾系列 CPU 以及其他类型 CPU。

(2) 示教器。它主要用来示教机器人的工作轨迹和参数设定，以及所有人机交互操作拥有自己独立的 CPU 以及存储单元，与主计算机之间以串行通信方式实现信息交换。

(3) 操作面板。它由各种操作按键、状态指示灯构成，只完成基本的功能操作。

(4) 磁盘存储。它是用来存储机器人工作程序的外围存储器。

(5) 数字和模拟量输入/输出。它主要用于各种状态和控制命令的输入或输出。

(6) 打印机接口。它主要用来记录需要输出的各种信息。

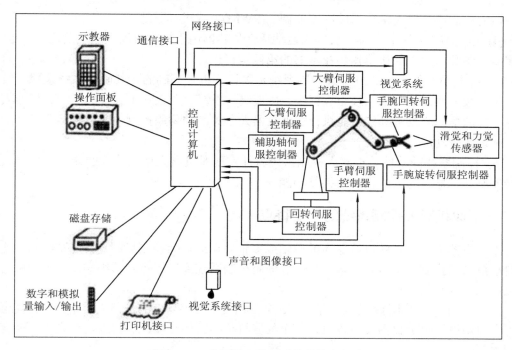

图 3-2　工业机器人控制系统的基本组成

(7) 传感器接口。它主要用于信息的自动检测，实现机器人的柔顺控制，一般为力觉、触觉和视觉传感器。

(8) 轴控制器。它主要用来完成机器人各关节位置、速度和加速度控制。

(9) 辅助设备控制。它主要用于和机器人配合的辅助设备控制，如手爪变位器等。

(10) 通信接口。它主要用来实现机器人和其他设备的信息交换，一般有串行接口、并行接口等。

(11) 网络接口。网络接口可分成两种：一为 Ethernet 接口，可通过以太网实现数台或单台机器人的直接 PC 通信，数据传输速率高达 10 Mbit/s，可直接在 PC 上用 Windows 库函数进行应用程序编程之后，支持 TCP/IP 通信协议，通过 Ethernet 接口将数据及程序装入各个机器人控制器中；二为 Fieldbus 接口，它支持多种流行的现场总线规格，如 Devicenet、AB Remote I/O、Interbus-s、profibus-DP、M-NET 等。

而工业机器人本体控制系统的基本单元又包括电动机、减速器、驱动电路、运动特性检测传感器、控制系统的硬件和软件。

(1) 电动机。作为驱动机器人运动的驱动力，常见的有液压驱动、气压驱动、直流伺服电动机驱动、交流伺服电动机驱动和步进电动机驱动。随着驱动电路元件的性能提高，当前应用最多的是直流伺服电动机驱动和交流伺服电动机驱动。

(2) 减速器。减速器是为了增加驱动力矩，降低运动速度。目前，机器人常采用的减速器有 RV 减速器和谐波减速器。

(3) 驱动电路。由于直流伺服电动机或交流伺服电动机的流经电流比较大，一般为几安培到几十安培，机器人电动机的驱动需要使用大功率的驱动电路，为了实现对电动机运动性能的控制，机器人常采用脉冲宽度调制(PWM)方式进行驱动。

(4) 运动特性检测传感器。机器人运动特性传感器用于检测机器人运动的位置、速度、加速度等参数，常见的传感器将在本书的第四章讨论。

(5) 控制系统的硬件。机器人控制系统是以计算机为基础的，其硬件系统采用二级结构，第一级为协调级，第二级为执行级。协调级实现对机器人各个关节的运动、机器人和外界环境的信息交换等功能；能执行实现机器人各关节的伺服控制，获得机器人内部的运动状态参数等功能。

(6) 控制系统的软件。机器人控制系统软件实现对机器人运动特性的计算、机器人的智能控制和机器人与人的信息交换等功能。

3.1.3　工业机器人控制系统的主要特点

工业机器人控制系统以机器人的单轴或多轴协调运动为控制目的，其控制结构要比一般自动机械的控制结构复杂得多。与一般伺服控制系统或过程控制系统相比，工业机器人的控制系统具有如下特点：

(1) 一个简单的机器人也至少有 3～5 个自由度，比较复杂的机器人有十几个，甚至有几十个自由度。每个自由度一般包含一个伺服机构，它们必须协调起来，组成一个多变量控制系统。

(2) 传统的自动机械以自身的动作为控制重点，而工业机器人控制系统更看重机器人本身与操作对象的相互关系。例如，无论以多高的精度去控制机器人手臂，机器人手臂都首先要保证能够稳定夹持物体并顺畅操作该物体到达目的位置。

(3) 工业机器人的状态和运动的数学模型是一个非线性模型，因此，控制系统本质上是一个非线性系统，仅仅用位置闭环是不够的，还要利用速度闭环，甚至加速度闭环。例如，机器人的结构、所用传动件、驱动件等都会引起系统的非线性。

(4) 工业机器人通常是由多关节组成的一种结构体系，其控制系统因而也是一个多变量的控制系统。机器人各关节间具有耦合作用，具体表现为：某一个关节的运动会对其他关节产生动力效应，即每一个关节都会受到其他关节运动所产生扰动的影响。

(5) 工业机器人控制系统是一个时变系统，其动力学参数会随着机器人关节运动位置的变化而变化。

3.2　工业机器人控制策略概述

3.2.1　工业机器人控制策略简介

1954 年，美国学者 G.C. Dovel 提出关于实现机器自动化的示教-再现(teaching-playback)的概念，为工业机器人的诞生奠定了基础。1961 年和 1962 年，美国 Unimation 公司和 AMF 公司将这个概念变成了现实，分别制作了世界上第一代工业机器人。

从本质上看，工业机器人是一个十分复杂的多输入、多输出、非线性系统，具有时变、强耦合和非线性的动力学特征，因而给控制带来了困难。由于测量和建模往往不十分精确，再加上负载变化、外部扰动等不确定性因素的影响，人们难以建立工业机器人精确、完整的运动模型。现代工业的快速发展需要高品质的工业机器人为之服务，而高品质的机器人控制必须综合考虑各种不确定性因素的影响，因此针对工业机器人的非线性和不确定性等特点的控制策略成了工业机器人研究的重点和难点。

当前，针对工业机器人多变量、非线性、强耦合以及不确定性的控制特性，正在采用或正在大力研究的机器人控制策略主要有如下几种。

1. 变结构控制

20 世纪 60 年代，苏联学者 Emelvanov 提出了变结构控制的构想。20 世纪 70 年代以来，变结构控制的构想经过 Utkin、Itkis 及其他学者的传播和研究，历经 40 多年的发展与完善已在国际范围内得到广泛重视，形成了一门相对独立的控制研究分支。

变结构控制方法对于系统参数的时变规律、非线性程度以及外界干扰等不需要精确的数学模型，只要知道它们的变化范围，就能对系统进行精确的轨迹跟踪控制。变结构控制方法设计过程本身就是一种解耦过程，因此在多输入、多输出系统中，多个控制器的设计可按各自的独立系统进行，其参数选择也不是十分严格。尤其是滑模变结构控制系统，无超调，快速性好，计算量小，实时性强。应当指出的是，变结构控制本身的不连续性，以及控制器频繁的切换动作有可能造成跟踪误差在零点附近产生抖动现象而不能收敛于零，这种抖动轻则会引起机器人执行部件的机械磨损，重则会激励未建模的高频动态响应，特别是考虑到连杆柔性的时候，容易使控制失效。

2. 自适应控制

20 世纪 40 年代末，学者们开始研究与讨论控制器参数的自动调节问题，人们用自适应控制来描述控制器对过程的静态和动态参数的调节能力。自适应控制的方法就是在运行过程中不断测量受控对象的特性，并根据测得的特征信息使控制系统按最新的特性实现闭环最优控制。从根本上看，自适应控制能认识环境的变化，并能自动改变控制器的参数和结构，自动调整控制作用，以保证系统达到满意的控制品质。自适应控制不是一般的系统状态反馈或系统输出反馈控制，而是一种比较复杂的反馈控制，即实时性要求十分严格，实现起来比较复杂。特别是当系统存在非参数不确定性时，自适应控制难以保证系统的稳定性。即使对于线性定常的控制对象，其自适应控制也是非线性时变反馈控制的。

3. 鲁棒控制

鲁棒控制(Robust Control)的研究始于 20 世纪 50 年代。1981 年，Zames 发表的著名论文可以看成是现代鲁棒控制特别是 H∞ 控制的先驱。H∞ 控制理论是 20 世纪 80 年代开始兴起的一门新的现代控制理论，是为了改变近代控制理论过于数学化的倾向以适应工程实际的需要而诞生的，其设计思想的真髓是对系统的频域特性进行整形(Loopshaping)，而这种通过调整系统频率域特性来获得预期特性的方法，正是工程技术人员所熟悉的技术手段，也是经典控制理论的根本。在该篇论文里，Zames 首次用明确的数学术语描述了 H∞ 优化控制理论，他提出用传递函数阵的 H∞ 范数来记述优化指标。1984 年，Fracis 和 Zames 用古典的函数插值理论提出了 H∞ 设计问题的最初解法，同时基于算子理论等现代数学工具，这种解法很快被推广到一般的多变量系统，而学者 Glover 则将 H∞ 设计问题归纳为函数逼近问题，并用 Hankel 算子理论给出这个问题的解析解。1988 年，Doyle 等人在全美控制年会上发表了著名的 DGKF 论文，证明 H∞ 设计问题的解可以通过适当的代数 Riccati 方程得到。DGKF 的论文标志着 H∞ 控制理论的成熟。迄今为止，H∞ 设计方法主要是 DGKF 等人的解法。不仅如此，这些设计理论的开发者还同美国 The Math Works 公司合作，开发了 MATLAB 中鲁棒控制软件工具箱(Robust Control Toolbox)，使 H∞ 控制理论真正成为实用的工程设计理论。

4. 智能控制

1977 年，学者萨里迪斯首次提出了分层阶的智能控制结构。整个控制结构由上往下分为组织级、协调级和执行级三个层级。其控制程度由下往上逐级递减，而智能程度则由下往上逐级增加。根据机器人的任务分解，在面向设备的基础级(即执行级)上可以采用常规的自动控制技术，如 PID 控制、前馈控制等。在协调级和组织级，因存在着不确定性，控制模型方法往往无法建立或建立的模型不够精确，无法取得良好的控制效果。因此，需要采用智能控制方法，如模糊控制、神经网络控制、专家控制或集成智能控制。

5. 模糊控制

模糊逻辑控制(Fuzzy Logic Control)简称模糊控制(Fuzzy Control)，它是一种以模糊制集合论、模糊语言变量和模糊逻辑推理为基础的计算机数字控制技术。1965 年，美国控制论学者 L.A. Zadeh 创立了模糊集合论；1973 年，他给出了模糊逻辑控制的定义和相关定理。1974 年，学者 E.H. Mamdani 首次根据模糊控制语句组成模糊控制器，并将它应用于锅炉和蒸汽机的控制，获得了成功。这一开拓性的工作标志着模糊控制论的诞生。

在传统控制领域里，控制系统动态模式的精确与否是影响控制效果优劣的关键要素，系统往往难以正确描述系统的动态特征，于是人们便利用各种方法来简化系统动态特征，以达到控制的目的，但往往结果却不甚理想。换言之，传统的控制理论对于明确系统有很好的控制能力，但对于复杂或难以精确描述的系统则显得无能为力。因此人们便尝试着用模糊数学来处理这些控制问题。模糊控制实质上是一种非线性控制，从属于智能控制的范畴。模糊控制的一大特点是既有系统化的理论，又有大量的实际应用背景。模糊控制的发展最初在西方遇到了较大的阻力，然而在东方尤其在日本得到了迅速而广泛的推广应用。近 20 年来，模糊控制不论在理论上还是技术上都有了长足的进步，成为自动控制领域一个非常活跃而又硕果累累的分支，其典型应用涉及生产和生活的许多方面。例如：在家用电器设备领域中有模糊洗衣机、空调、微波炉、吸尘器、照相机和摄录机等；在工业控制领域中有水净化处理、发酵过程、化学反应釜、水泥窑炉等；在专用系统和其他方面有地铁靠站停车、汽车驾驶、电梯和自动扶梯、蒸汽引擎以及机器人的模糊控制，等等。

例如，为了实现对直线电机运动的高精度控制，系统采用全闭环的控制策略，但在系统的速度环控制中，因为负载直接作用于电机而产生了扰动，如果仅采用 PID 控制，则很难满足系统的快速响应需求。由于模糊控制技术具有适用范围广、对时变负载具有一定的鲁棒性的特点，而直线电机伺服控制系统又是一种要求具有快速响应性并能够在极短时间内实现动态调节的系统，所以可在速度环设计 PID 模糊控制器，利用模糊控制器对电机的速度进行控制，并同电流环和位置环的经典控制策略一起来实现对直线电机的精确控制。

一般说来，模糊控制器主要包括四部分：

(1) 模糊化。其主要作用是选定模糊控制器的输入量，并将其转换为系统可识别的模糊量，具体又包含以下三步：第一，对输入量进行满足模糊控制需求的处理；第二，对输入量进行尺度变换；第三，确定各输入量的模糊语言取值和相应的隶属度函数。

(2) 规则库。根据人类专家的经验建立模糊规则库。模糊规则库包含众多的控制规则，这是从实际控制经验过渡到模糊控制器的关键步骤。

(3) 模糊推理。其主要作用是实现基于知识的推理决策。

(4) 解模糊。其主要作用是将推理得到的控制量转化为控制输出。实际上，"模糊"是人类感知万物，获取知识，进行思维推理、决策实施的重要特征。"模糊"比"清晰"拥有的信息量更大，内涵更丰富，更符合客观世界。

6. 神经网络控制

神经网络控制是指在控制系统中，应用神经网络技术，对难以精确建模的复杂非线性对象进行神经网络模型辨识，或作为控制器，或进行优化计算，或进行推理处置，或进行故障诊断，或同时兼有上述多种功能。

神经网络是由许多具有并行运算功能的、简单的信息处理单元(人工神经元)相互连接组成的网络。它是在现代神经生物学和认识科学对人类信息处理研究的基础上提出来的，具有很强的自适应性和学习能力、非线性映射能力、鲁棒性和容错能力，并充分地将这些神经网络特性应用于控制领域，从而使控制系统的智能化水平显著提高。

神经网络控制模型建立后，在输入状态信息不完备的情况下，也能快速做出反应，进行模型辨识，这对于工业机器人的智能控制是十分理想的。由于神经网络系统具有快速并行处理运算能力、很强的容错性和自适应学习能力的特点，因此神经网络控制主要用于处理传统技术不能解决的复杂的非线性、不确定、不确知系统的控制问题。

随着被控系统越来越复杂，人们对控制系统的要求越来越高，特别是要求控制系统能适应不确定性、时变的对象与环境。传统的基于精确模型的控制方法难以适应这种要求，同时现在关于控制的概念也已更加宽泛，它要求包括一些决策、规划以及学习功能也能得到很好的控制。神经网络控制由于具有上述优点而越来越受到人们的重视。常见的神经网络控制结构包括：

(1) 参数估计自适应控制系统；

(2) 内模控制系统；

(3) 预测控制系统；

(4) 模型参考自适应控制系统；

(5) 变结构控制系统。

需要指出的是，神经网络控制存在自学习的问题，当环境发生变化时，原来的映射关系不再适用，需要重新训练网络。神经网络控制目前还没有一个比较系统的方法来确定网络的层数和每层的节点数，仍然需要依靠经验和试凑方式来解决。

3.2.2 工业机器人控制方式简介

根据分类方法的不同，工业机器人的控制方式也有所不同。从总体上看，工业机器人的控制方式可以分为动作控制方式和示教控制方式。但若按被控对象来分，则工业机器人的控制方式通常分为位置控制、速度控制、力矩控制、力和位置混合控制等。工业机器人控制方式如图 3-3 所示。

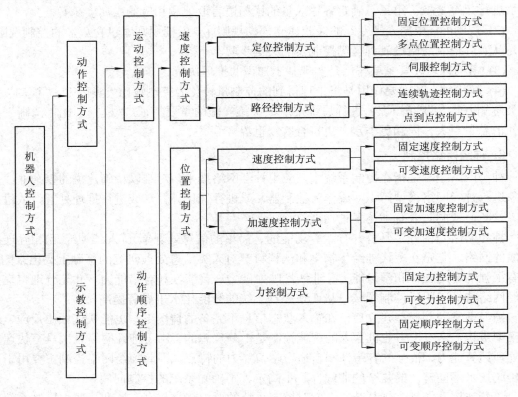

图 3-3　工业机器人控制方式

3.2.3　工业机器人的位置控制方式

工业机器人的位置控制方式可分为点位(Point To Point，PTP)控制和连续轨迹(Continuous Path，CP)控制两种方式，如图 3-4 所示。其目的是使机器人各关节实现预先规划的运动，保证工业机器人的末端执行器能够沿预定的轨迹可靠运动。

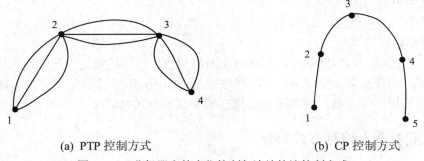

(a) PTP 控制方式　　　　　　　　　(b) CP 控制方式

图 3-4　工业机器人的点位控制与连续轨迹控制方式

PTP控制方式要求工业机器人末端执行器以一定的姿态尽快而无超调地实现相邻点之间的运动，但对相邻点之间的运动轨迹不做具体要求，其主要技术指标是定位精度和运动速度。那些从事在印刷电路板上安插元件、点焊、搬运及上/下料等作业的工业机器人，采用的都是PTP控制方式。

CP控制方式要求工业机器人末端执行器沿预定的轨迹运动，即可在运动轨上任意特定数量的点处停留。这种控制方式将机器人运动轨迹分解成插补点序列，然后在这些点之间依次进行位置控制，点与点之间的轨迹通常采用直线、圆弧或其他曲线进行插补。由于要在各个插补点上进行连续的位置控制，所以可能会在运动过程中发生抖动。实际上，由于机器人控制器的控制周期为几毫秒到30毫秒之间，时间短，可以近似认为运动轨迹是平滑连续的。在工业机器人的实际控制中，通常是利用插补点之间的增量和雅各比逆矩阵求出各关节的分增量，各电动机再按照分增量进行位置控制。

3.2.4　工业机器人的速度控制

工业机器人在进行位置控制的同时，有时候还需要进行速度控制，使机器人按照给定的指令，控制运动部件的速度，实现加速、减速等一系列转换，以满足运动平稳，定位准确等要求。这就如同人的抓举过程，要经历宽拉、高抓、支撑、抓举等一系列动作一样，不可一蹴而就，从而以最精简省力的方式，将目标物平稳、快速地托举至指定位置。为了实现这一要求，机器人的行程要遵循一定的速度变化曲线。图3-5所示为机器人行程的速度-时间曲线。

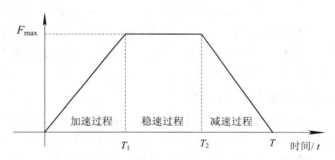

图3-5　机器人行程的速度-时间曲线

3.2.5　工业机器人的力(力矩)控制方式

对于从事喷涂、点焊、搬运等作业的工业机器人，一般只要求其末端执行器(焊枪、手爪等)沿某一预定轨迹运动。运动过程中，机器人的末端执行器始终不与外界任何物体相接触，这时只需对机器人进行位置控制即可完成预定作业任务。而对那些应用于装配、加工、抛光、抓取物体等作业的机器人来说，工作过程中要求其手与作业对象接触，并保持一定的压力。因此对于这类机器人，除了要求准确定位之外，还要求控制机器人手部的作用力或力矩，这时就必须采取力或力矩控制方式。力(力矩)控制方式是对位置控制方式的补充，控制原理与位置伺服控制方式的原理基本相同，只不过输入量和反馈量不是位置信号，而是力(力矩)信号，因此，机器人系统中必须装有力传感器。

工业机器人领域，比较常用的机器人的力(力矩)控制方法有阻抗控制、位置/力混合控制、柔顺控制和刚性控制四种。力(力矩)控制方式的最佳方案是以独立的形式同时控制力和位置，通常采用力/位混合控制。工业机器人要想实现可靠的力(力矩)控制方式，需要有力传感器的个人，大多情况下使用六维(三个力、三个力矩)力传感器。由此就有如下三种力控制系统组成方案。

1. 以位移控制为基础的力控制系统

以位移控制为基础的力控制方式，是在位置闭环之外再加上一个力的闭环。在这种控制方式中，力传感器检测输出力，并与设定的力目标值进行比较，力值的误差经过力/位移变化环节转换成目标位移，参与位移控制。这种控制方式构成的控制系统框图如图 3-6 所示。

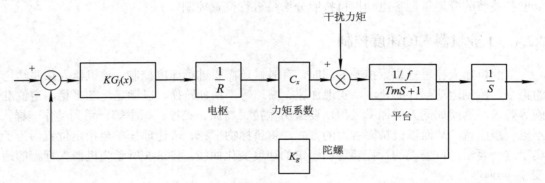

图 3-6　以位移控制为基础的力控制系统框图

以位移为基础的力控制方式很难使力和位移全部得到令人满意的结果，在采用这种控制方式时，要设计好工业机器人手部的刚度，如刚度过大，微小的位移都可能导致很大的力变化，严重时会造成机器人手部的破坏。

2. 以广义力控制为基础的力控制系统

以广义力控制为基础的力控制方式是在力闭环的基础上再加上位置闭环。通过传感器检测机器人手部的位移，经过位移/力变化环节转换为入力，再与力的设定值合成之后作为力控制的给定量。这种控制方式的特点在于可以避免小的位移变化引起过大的力变化，对机器人手部具有保护作用。

3. 以位控为基础的力/位混合控制系统

工业机器人在从事装配、抛光、轮廓跟踪等作业时，要求其末端执行器与工件之间建立并保持接触。为了成功进行这些作业，必须使机器人具备同时控制其末端执行器和接触力的能力。目前，正在使用的大多数工业机器人基本上都是一种刚性的位置伺服机构，具有很高的位置跟踪精度，但它们一般都不具备力控制能力，缺乏对外部作用力的柔顺性，这一点极大限制了工业机器人的应用范围。因此，研究适用于位控机器人的力控制方法具有很高的实用价值。以位控为基础的力/位混合控制系统的基本思想是当工业机器人的末端执行器与工件发生接触时，其末端执行器的坐标空间可以分解成对应于位控方向和力控方向的两个正交子空间，通过在相应的子空间分别进行位置控制和接触力控制以达到柔顺运动的目的。这是一种直观而概念清晰的方法。但由于控制的成功与否取决于对任务的精确分解和基于该分解的控制器结构的正确切换，因此力/位置混合控制方法必须对环境约束作精确建模，而对未知约束环境则无能为力。

3.2.6　工业机器人的示教-再现控制方式

示教-再现(Teaching-Playback)控制是工业机器人的一种主流控制方式。为了让工业机器人完成某种作业，首先由操作者对机器人进行示教，即教机器人如何去做。在示教过程中，机器人将作业时的运动顺序、位置、速度等信息存储起来，在执行生产任务时，机器人可以根据这些存储的信息再现示教的动作。

示教分直接示教和间接示教两种，具体介绍如下。

1. 直接示教

该示教方式是操作者使用安装在工业机器人手臂末端的操作杆(Joystick)，按给定运动顺序示教动作内容，机器人自动把作业时的运动顺序、位置和时间等数值记录在存储器中，生产时再依次读出存储的信息，重复示教的动作过程。采用这种方法通常只能对位量和作业指令进行示教，而运动速度需要通过其他方法来确定。

2. 间接示教

该示教方式是采用示教器进行示教。操作者先通过示教器上的按键操纵完成空间作业轨迹点及有关速度等信息的示教，然后通过操作盘用机器人语言进行用户工作程序的编辑，并存储在示教数据区。再现时，控制系统自动逐条取出示教命令与位置数据进行解读、运算并作出判断，将各种控制信号送到相应的驱动系统或端口，使机器人忠实地再现示教动作。

采用示教-再现控制方式时不要进行矩阵的逆变换，其中也不存在绝对位置控制精度的问题。该方式是一种适用性很强的控制方式，但是需由操作者进行手工示教，要花费大量的精力和时间。特别是在因产品变更导致生产线变化时，要进行的示教工作十分繁重。现在人们通常采用离线示教法(Off-line Teaching)，即脱离实际作业环境生成示教数据，间接地对机器人进行示教，而不用面对实际作业的机器人直接进行示教。

3.3　工业机器人控制系统的体系架构

工业机器人控制系统的架构形式将直接决定系统控制功能的最后实现样式。目前，工业机器人的控制系统可归纳为集中式控制系统和分布式控制系统这两种架构形式。

3.3.1　集中式控制系统

集中式控制系统(Centralized Control System，CS)是利用一台微型计算机实现机器人系统的全部控制功能，在早期的工业机器人中常采用这种控制系统架构。在基于 PC 的集中式控制系统里，充分利用了 PC 资源开放性的特点，可以实现很好的开放性，即多种控制卡、传感器设备等都可以通过标准 PCI 插槽或通过标准串口、并口集成到控制系统中，使用起来十分方便。多关节机器人集中式控制系统结构图如图 3-7 所示。

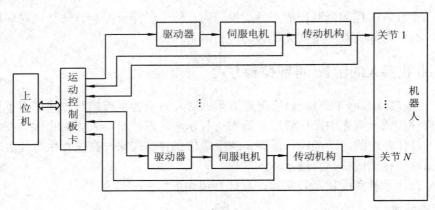

图 3-7　多关节机器人集中式控制系统结构图

集中式控制系统的优点：一是硬件成本较低；二是便于信息的采集和分析，易于实现系统的最优控制；三是整体性与协调性较好，且基于 PC 的系统硬件扩展较为方便。但其缺点也显而易见，比如系统控制缺乏灵活性，容易导致控制危险集中且放大，一旦出现故障，影响面广，后果严重；由于工业机器人的实时性要求很高，当系统进行大量数据计算时，会降低系统的实时性，系统对多任务的响应能力也会与系统的实时性相冲突；系线连线比较复杂，也容易降低控制系统的可靠性。

3.3.2　分布式控制系统

分布式控制系统(Distribute Control System，DCS)的主要宗旨是分散控制，集中管理，即系统对其总体目标和任务可以进行综合协调和分配，并通过子系统的协调工作来完成控制任务。整个系统在功能、逻辑和物理等方面都是分散的，所以 DCS 又称为集散控制系统或分散控制系统。DCS 的优点在于：集中监控和管理，管理和现场分离，管理更加综合化和系统化。由于分散控制，可使控制系统各功能模块的设计、装配、调试、维护等工作相互独立，系统控制的危险性分散了，可靠性提高了，投资也减小了；采用网络通信技术，可根据需要增加以微处理器为核心的功能模块，使 DCS 具有良好的开放性、扩展性。在 DCS 的架构中，子系统是由控制器和不同被控对象或设备构成的，各个子系统之间通过网络相互通信。所以，DCS 为工业机器人提供了一个开放、实时、精确的控制系统。

DCS 通常采用两级控制方式，并由上位机、下位机和网络组成，如图 3-8 所示。上位机可以进行不同的轨迹规划和运行不同的控制算法，下位机进行插补细分、控制优化等的实现。上位机和下位机通过通信总线相互协调工作，这里的通信总线可以是 RS-232、RS-485、EE-488 以及 USB 总线等形式。

以太网和现场总线技术的发展为工业机器人提供了快速、稳定、有效的通信服务。尤其是现场总线，它应用于生产现场，在计算机测量控制设备之间实现双向多节点数字通信，从而形成了新型的集成式全分布控制系统——现场总线控制系统 FCS(Filed bus Control System)。在工厂生产网络中，将可以通过现场总线连接的设备称为"现场设备/仪表"。从系统论的角度来说，工业机器人作为工厂的生产设备之一，也可以归纳为现场设备。在机器人系统中引入现场总线技术后，更有利于机器人在工业生产环境中的集成。

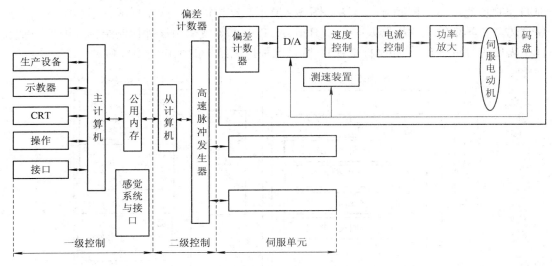

图 3-8　机器人分布式控制系统结构图

对于那些运动轴数量不多的工业机器人而言，CCS 对各轴之间的耦合关系能够处理得很好，可以十分方便地进行补偿，容易获得好的控制效果。但是，当机器人运动轴的数量增加到使控制算法变得非常复杂时，其控制性能会迅速恶化。而且，当机器人系统中轴的数量增多或控制算法变得十分复杂时，可能会导致机器人系统的重新设计。与之相比，在DCS 中，机器人的每一个运动轴都有一个控制器处理，这意味着系统有较少的轴间耦合和较高的系统重构性，容易获得更好的控制效果。

3.4　工业机器人控制系统硬件设计

3.4.1　工业机器人控制系统硬件架构

1. 工业机器人控制系统硬件子系统的组成

工业机器人控制系统的硬件子系统主要由以下几个部分组成：

(1) 传感装置。这类装置主要用以检测工业机器人各关节的位置、速度和加速度等，即用于感知工业机器人本身的状态，可称为内部传感器；而外部传感器就是所谓的视觉、力觉、触觉、听觉等传感器，它们可使工业机器人感知工作环境和工作对象的状态。

(2) 控制装置。这类装置主要用以处理各种感觉信息，执行控制软件、产生控制指令，一般由一台微型或小型计算机及相应的接口组成。

(3) 关节伺服驱动部分。这部分主要是根据控制装置的指令，按作业任务的要求驱动工业机器人各关节运动。

2. 工业机器人控制系统硬件结构的类型

按控制方式的不同，工业机器人控制系统的硬件结构通常分为以下四类：

(1) 集中控制方式。在这种控制方式中，用一台功能较强的计算机实现工业机器人全部的控制功能。集中控制方式框图如图 3-9 所示，结构简单，成本低廉，但实时性差，扩展性弱。在早期的工业机器人中，如 Hero-I、Rolo-I 等就采用这种控制结构，因其控制过程中需要进行许多计算(如坐标变换)，所以这种控制结构的工作速度较慢。

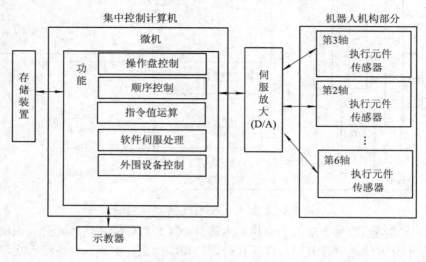

图 3-9　集中控制方式框图

(2) 主从控制方式。在这种控制方式中，采用主、从两级处理器实现工业机器人的全部控制功能。其中，主 CPU 负责实现管理、机器人语言编译和人机接口功能，同时也利用它的运算能力完成坐标变换、轨迹插补和系统自诊断等任务，并定时地将运算结果作为关节运动的增量送到控制系统的公用内存，供二级 CPU 读取；从 CPU 则实现机器人所有关节的位置数字控制，这种控制方式的实时性较好，适于高精度、高速度控制，但其系统扩展性较差，维修比较困难。

在主从控制系统的两个 CPU 总线之间基本没有联系，仅通过公用内存交换数据，是一个松耦合的关系，对采用更多的 CPU 进一步分散是很困难的。日本在 20 世纪 70 年代生产的 Motoman 机器人(具有 5 个关节，采用直流电机驱动)，其所用计算机控制系统就属于这种主从式控制结构。

(3) 分布控制方式。目前，工业机器人普遍采用这种上、下位机二级分布控制结构(其构成框图如图 3-9 所示)，在这种控制方式中，上位机负责整个系统管理以及运动学计算、轨迹规划等。下位机由多个 CPU 组成，每个 CPU 控制一个关节的运动，这些 CPU 与主控计算机是通过总线形式的紧耦合联系的。

在这种控制方式中，按工业机器人的工作性质和运动方式将控制系统分成几个模块，每一个模块各有不同的控制任务和控制策略，各模块之间可以是主从关系，也可以是平等关系。分布控制方式实时性好，易于实现高速度、高精度控制，且易于扩展，可实现智能控制，是目前世界上大多数商品化工业机器人所采用的流行控制方式。

需要指出，分布控制结构的控制器工作速度和控制性能明显提高，但这些多 CPU 系统共有的特征都是针对具体问题而采用的功能分布式结构，即每个处理器承担固定任务，难免造成一定的功能冗余和资源浪费。

以上几种类型的控制器，它们存在一个共同的弱点，即计算负担重、实时性较差，所以大多采用离线规划和前馈补偿解耦等方法来减轻实时控制中的计算负担。当机器人在运行中受到干扰时其性能将受到较大影响，难以保证高速运动中所要求的精度指标。

由于机器人控制算法的复杂性以及机器人控制性能有待提高，许多学者从建模、算法等多方面进行了减少计算量的努力，但仍难以在串行结构的控制器上满足实时计算的要求。因此，必须从控制器本身寻求解决办法。方法之一是选用高档次微机或小型机；另一种方法就是采用多处理器作并行计算，以提高控制器的计算能力。

(4) 并行处理结构。并行处理技术是提高计算速度的一个重要而有效的手段，它能满足工业机器人控制的实时性要求。关于机器人控制器的并行处理技术，人们研究较多的是机器人运动学和动力学的并行算法及其实现途径。1982 年，J. Y. S. Luh 首次提出机器人动力学并行处理问题，这是因为关节型机器人的动力学方程是一组非线性强耦合的二阶微分方程，计算过程十分复杂。提高机器人动力学算法的计算速度也为实现复杂的控制算法(如计算力矩法、非线性前馈法、自适应控制法等)奠定了基础。开发并行算法的途径之一就是改造串行算法，使之并行化，然后将算法映射到并行结构去使用。

在实际处置中，一般采用两种方式：一是考虑给定的并行处理器结构，根据处理器结构所支持的计算模型开发算法的并行性；二是首先开发算法的并行性，然后设计支持该算法的并行处理器结构，以达到最佳的并行处置效果。

目前，工业机器人运动控制器常采用 MCU + DSP + FPGA 的架构模式，其中，作为MCU 核心的 STM32 单片机负责接收示教器发送的轨迹起始点、结束点、速度函数以及空间轨迹等信息，而系统的轨迹规划算法和软件功能则由 DSP 和 FPGA 协同工作予以实现。DSP 与 FPGA 采用外部存储器总线(EMIFA)联系，在 FPGA 上实现控制伺服驱动器的逻辑接口功能，从而控制机器人各个关节的运动方式。采用这种控制结构的机器人控制系统的结构框图如图 3-10 所示。

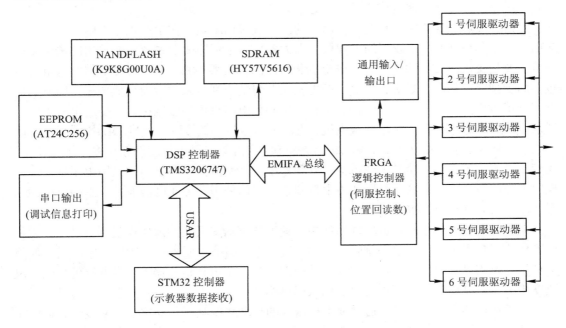

图 3-10　并行控制系统结构框图

3.4.2　工业机器人驱动器

1. 工业机器人对电动伺服驱动系统的要求

工业机器人的电动伺服驱动系统利用机器人的各个电动机(以下简称电机)产生所需的力矩和力，直接或间接驱动机器人本体以获得机器人的各种运动。对用于工业机器人关节驱动的电机来说，通常会要求其具有最大功率质量比和扭矩惯量比、高启动转矩、低惯量和较宽广且平滑的调速范围。机器人末端执行器(手爪)尤应采用体积和质量尽可能小的电机。当机器人系统要求快速响应时，伺服电机必须具有较高的可靠性和稳定性，并具有较大的短时过载能力。这是伺服电机在工业机器人中得到妥善应用的先决条件。

工业机器人对关节驱动电机的主要要求可归纳如下：

(1) 响应速度要快。电机从获得指令信号到完成指令所要求的工作状态的时间应当短一些。响应指令信号的时间越短，电机伺服系统的灵敏性就越高，快速响应性能也就越好，一般是以伺服电机的电时间常数的大小来说明伺服电机快速响应的性能。

(2) 启动转矩惯量比要大。在驱动负载的情况下，要求机器人伺服电机的启动转矩大，转动惯量小。

(3) 控制特性的连续性和直线性要好。随着控制信号的变化，电机的转速要能连续变化，且转速与控制信号要成正比或近成正比。

(4) 调速范围要宽。机器人伺服电机的调速范围要大一些，能适应不同的工作需求。

(5) 体积和质量要小，轴向尺寸要短。机器人伺服电机的体积与质量应当尽量小一些，可改善机器人的结构与动力特性，其轴向尺寸也要短一点，有利于减小安装空间。

(6) 要能经受得起苛刻的运行条件。要求机器人伺服电机可进行十分频繁的正反向和加减速运行，并能在短时间内承受大的过载。

目前，高启动转矩、大转矩，低惯量的交、直流伺服电机在工业机器人中得到了广泛应用，一般负载 100 kgf 以下的工业机器人大多采用电伺服驱动系统。所采用的关节驱动电机主要是交流(AC)伺服电机、步进电机和直流(DC)伺服电机。其中，交流伺服电机主要包括同步型交流伺服电机等；直流伺服电机主要包括小惯量永磁直流伺服电机、印制绕组直流伺服电机、大惯量永磁直流伺服电机、空心杯电枢直流伺服电机等；步进电机主要包括永磁感应步进电机等。交流伺服电机、直流伺服电机、直接驱动电机(DD)均采用位置闭环控制，通常用于高精度、高速度的机器人驱动系统中。步进电机驱动系统多用于对精度、速度要求不高的小型、简易工业机器人开环系统中。交流伺服电机由于采用电子换向，无换向火花产生，因此在易燃易爆环境中得到了广泛的使用。工业机器人关节驱动电机的功率范围一般为 0.1～10 kW。

在工业机器人的电动伺服驱动系统中，速度传感器多采用测速发电机和旋转变压器；位置传感器多采用光电码盘和旋转变压器。近年来，国外主要机器人制造厂家已经在使用一种集光电码盘及旋转变压器功能为一体的混合式光电位置传感器，伺服电机可与位置及速度检测器、制动器和减速机构组成伺服电机驱动单元。

在工业机器人应用领域，通常要求机器人的传动系统具有传动比小、刚度大、输出扭矩高以及减速比大等特性。

2. 减速器的类型

减速器在机械传动领域是连接动力源和执行机构的一种中间装置，它通过输入轴上的小齿轮与输出轴上的大齿轮进行啮合传动，把电动机或内燃机输出的高转速进行减速，并传递更大的转矩。目前已成熟定型并标准化生产的减速器主要有圆柱齿轮减速器、蜗轮蜗杆减速器、行星减速器、行星齿轮减速器、RV 减速器、摆线针轮减速器和谐波减速器等。20 世纪 80 年代以来，在航空航天、机器人和医疗器械等新兴产业因快速发展而产生的强劲需求牵引下，传递功率大、运转噪声低、结构紧凑、传动平稳的高性能精密减速器得到普遍应用，其应用领域不断拓展，如图 3-11 所示。其中，RV 减速器和谐波减速器是精密减速器中的佼佼者。

图 3-11　精密减速器的应用领域

(1) RV 减速器。Rot- Vector 减速器(简称 RV 减速器，其内部结构和外观如图 3-12 所示)是在摆线针轮传动基础上发展起来的，它具有二级减速和中心圆盘支承结构。RV 减速器自 1986 年投入市场以来，因其传动比大、传动效率高、运动精度好、回差小、振动低、刚性大和可靠性突出等优点成为高品质机器人的"御用"减速器。

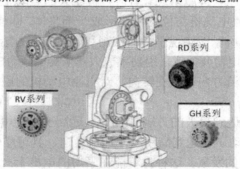

图 3-12　工业机器人精密减速器布置

(2) 谐波减速器。谐波减速器由谐波发生器、柔轮和刚轮三部分组成。其工作原理为：谐波发生器使柔轮产生可控的弹性变形，然后通过柔轮与刚轮的啮合进行减速并传递动力。按照结构形式的不同，谐波发生器可分为凸轮式、滚轮式和偏心盘式三种。谐波减速器的优点在于：外形轮廓小、零件数目少、传动比大(单机传动比可达到 50～4000)、传动效率高(可达 92%～96%)。

(3) 行星减速器。行星减速器是一种由三个行星轮围绕一个太阳轮旋转而组成的传递转速和转矩的减速装置，它具有结构紧凑、运转平稳、体积小、重量轻、噪声低、承载能力高、使用寿命长等优点，可实现功率分流、多齿啮合，其性价比较高，广泛应用于各种工业场合。

众所周知，工业机器人的动力源一般为交流伺服电机，因为采用脉冲信号驱动，所以交流伺服电机本身就可以实现调速。那么，为什么工业机器人还需要加装减速器呢？这是因为工业机器人通常需要执行重复的动作，以完成相同的工序；为保证工业机器人在生产中能够可靠地完成工序任务，并确保工艺质量，对工业机器人的定位精度和重复定位精度要求很高。因此，提高和确保工业机器人的精度就需要采用 RV 减速器或谐波减速器。精密减速器在工业机器人中的另一作用是传递更大的扭矩。当工作负载较大时，一味提高伺服电机的功率是极不划算的，可以在适宜的速度范围内通过减速器来降低转速而提高输出扭矩。此外，伺服电机在低频运转下容易发热和出现低频振动，对于长时间和周期性工作的工业机器人这都不利于确保其精确、可靠的运行。

精密减速器的使用可使伺服电机在一个合适的速度范围内运转，并将转速精确地降到工业机器人各部位需要的量值，在提高机器人本体刚性的同时能够输出更大的力矩。与通用机械装置配备的普通减速器相比，机器人关节处装备的减速器要求具有传动链短、体积小、功率大、质量轻和易于控制等特点，而具有这些特点的减速器主要就是 RV 减速器和谐波减速器。与谐波减速器相比，RV 减速器具有更高的刚度和回转精度，因此在各类关节型机器人中，一般将 RV 减速器放置在机座、大臂、肩部等重负载的位置，而将谐波减速器放置在小臂、腕部或手部。行星减速器一般用在直角坐标机器人上。

3.4.3　工业机器人关节伺服电机的选择

直流电动机是工业机器人中应用最广泛的电动机旋转之一，它在一个方向连续旋转，或在相反的方向连续转动，运动连续且平滑，且本身没有位置控制能力。

正因为直流电动机的转动是连续且平滑的，因此要实现精确的位置控制，必须加入某种形式的位置反馈，构成闭环伺服系统。有时，机器人的运动还有速度要求，所以还要加入速度反馈。一般地，直流电动机与位置反馈形成一个整体，即通常所说的直流伺服电机。由于采用闭环伺服限制，所以能实现平滑的控制和产生大的力矩。

直流电动机可利用继电器开关或采用功率放大器来实现驱动控制。功率放大器利用电子开关来改变流向电枢的电流方向以改变转向。对直流电动机的磁场或电枢电流都可进行控制。

目前，直流电动机可达到很大的力矩/重量比，远高于步进电机，与液压驱动不相上下(很大功率除外)。直流驱动还能达到高精度，加速迅速，且可靠性高。现代直流电动机的发展得益于稀土磁性材料的发展。这种材料能在紧凑的电机上产生很强的磁场，从而改善了直流电电动机的可靠性机的启动特性。另外，电刷和换向器制造工艺的改进也提高了直流电动机的可靠性。此外，还有一个重要因素是固态电路功率控制能力的提高，使大电流的控制得以实现而费用又不高。

由于以上原因，当今大部分机器人都采用直流伺服电机驱动机器人的各个关节。因此，机器人关节的驱动部分设计包括伺服电机的选定和传动比的确定。伺服电机的选择过程如下所述。

1.　伺服电机的初选

选择电机，首先要考虑电机必须能够提供负载所需要的瞬时转矩和转速，就安全角度而言，就是能够提供克服峰值所需要的功率。其次，当电机的工作周期可以与其发热时间常数相比较时，必须考虑电机的热定额的问题，通常以负载的均方根功率作为确定电机发热功率的基础。

如果要求电机在峰值下以峰值转速驱动负载，则电机功率可按下式估算：

$$P_m \approx (1.5 \sim 2.5) \frac{M_{LP} \omega_{LP}}{\eta} \tag{3-1}$$

式中，P_m——电机功率，W；

M_{LP}——负载峰值力矩，N・m；

ω_{LP}——负载峰值转速，rad/s；

η——传动装置的效率，初步估算时取 0.7～0.9；

1.5～2.5——经验数据，它是考虑到初步估算负载力矩有可能取得不全面或不精确，以及电机有一部分功率要消耗在电机转子上而取的一个系数。

电机长期连续地工作在变载荷之下时，比较合理的是按负载均方根功率估算电机功率：

$$P_m \approx (1.5 \sim 2.5) \frac{M_{Lr} \omega_{Lr}}{\eta} \tag{3-2}$$

式中，M_{Lr}——负载均方根力矩，N・m；

ω_{Lr}——负载均方根转速，rad/s；

估算 P_m 后就可选取电机，使其额定功率 P_r 满足下式：

$$P_r \geqslant P_m \tag{3-3}$$

初选电机后，一系列技术数据，如额定转矩、额定转速、额定电压、额定电流、转子转动惯量等，均可在产品目录中直接查得或经过计算求得。

2. 发热校核

在一定转速下，负载的均方根力矩是与伺服电机处于连续工作时的热定额相对应的，因为电机的转矩与电流成正比或接近成正比，所以当负载力矩变动时，绕组电流 I_c 是变动的，而电机的发热量主要来自铜耗 RI。假定有一等效稳恒电流 I_e，它在时间 T 内产生的热量 Q_e 与实际的变动电流在同一时间内产生的热量相等，即

$$Q = I_e^2 R_a T = \int_0^T I_c^2 R_a dt \tag{3-4}$$

$$I_e = \sqrt{\frac{1}{T} \int_0^T I_c^2 R_a dt} \tag{3-5}$$

与等效电流对应的等效转矩 M_e 为

$$M_e = \sqrt{\frac{1}{T} \int_0^T M_m^2 R_a dt} \tag{3-6}$$

电机转矩 M_m 与折算到电机轴上的负载力矩 M_l^m 平衡，即 $M_m = M_l^m$，故

$$M_e = \sqrt{\frac{1}{T} \int_0^T (M_l^m)^2 R_a dt} \tag{3-7}$$

故 $$M_e = M_1^m \qquad\qquad (3\text{-}8)$$

由此可见，负载的均方根力矩是与电机的热定额相对应的。

为核对发热，要求电机额定转矩 M_r 满足下式：

$$M_r \geqslant M_1^m \qquad\qquad (3\text{-}9)$$

式(3-9)即为发热校核公式，该式也可用来直接按热定额选择电机。

3. 转矩过载校核

转矩过载校核的公式为

$$(M_1^m)_{max} \leqslant (M_m)_{max} \qquad\qquad (3\text{-}10)$$

$$(M_m)_{max} = \lambda M_r \qquad\qquad (3\text{-}11)$$

式中，$(M_1^m)_{max}$ ——折算到电机上的负载力矩的最大值；

$(M_m)_{max}$ ——电机输出转矩的最大值(过载转矩)；

M_r ——电机额定转矩；

λ ——电机的转矩过载系数。电机形式不同，过载时间长短不同，其值也不同。

具体数值最好向电机的设计、制造厂家了解。对直流伺服电机，一般估取 $\lambda \leqslant 2 \sim 2.5$；对交流伺服电机，一般估取 $\lambda \leqslant 1.5 \sim 2.5$。

在转矩过载校核时需要已知总传动比，方可将负载力矩向电机轴折算。

需要指出的是，电机的选择不仅取决于功率，还取决于系统的生态性能要求、电源是直流还是交流等因素。

4. 电机的转矩特性

1) 直流伺服电机的转矩特性

直流伺服电机按励磁方式可分为电磁式和永磁式两种。电磁式直流伺服电机的磁场由励磁绕组产生；永磁式直流伺服电机的磁场由永磁体(永久磁铁)产生，其结构图如图3-13所示。

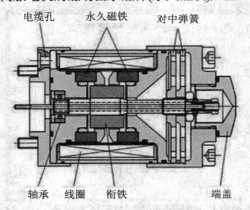

图 3-13 永磁式直流伺服电机

由于直流伺服电机的结构、原理与一般直流电机相似，故直流电机的一些基本关系式对它都适合，如电枢电压：

$$U_e = E_a + I_c R_a \tag{3-12}$$

式中，U_e——电枢绕组的控制电压，V；

　　　I_c——电枢绕组的控制电流，A；

　　　E_a——电枢绕组的反电势，V；

　　　R_a——电枢绕组的总电阻，Ω。

对反电势有

$$E_a = K_e \omega_m \tag{3-13}$$

式中，ω_m——电枢转速，rad/s；

　　　K_e——电机反电势常数，V·s/rad。

对转矩有

$$\boldsymbol{M}_m = K_m I_c \tag{3-14}$$

式中，K_m——电机反电势常数，V·s/rad。

由式(3-12)和式(3-13)可得

$$I_c = \frac{U_e - E_a}{R_a} = \frac{U_e - K_e \omega_m}{R_a} \tag{3-15}$$

将式(3-15)代入式(3-14)，得

$$\boldsymbol{M}_m = \frac{K_m U_e}{R_a} - \frac{K_m K_e \omega_m}{R_a} \tag{3-16}$$

若令 α 为信号数，且

$$\alpha = \frac{U_e}{U_c} \tag{3-17}$$

则式(3-16)可以写成

$$\boldsymbol{M}_m = \alpha \frac{K_m U_c}{R_a} - \frac{K_m K_e \omega_m}{R_a} \tag{3-18}$$

当控制电压 U_e 等于励磁电压 U_c，即 $\alpha = 1$ 且转速 $\omega_m = 0$(堵转状态或启动状态)时，由上式可得

$$\boldsymbol{M}_m = \boldsymbol{M}_s = \frac{K_m U_c}{R_a} \tag{3-19}$$

式中，$\boldsymbol{M}_s$ 为 $\alpha = 1$ 时堵转扭矩(启动扭矩)。

当 $\alpha = 1$ 时，转矩 $\boldsymbol{M}_m = 0$(即空载状态)，可得

$$\omega_m = \frac{U_e}{K_e} \tag{3-20}$$

若令 f 为电机的阻尼系数，且

$$f = \frac{K_m K_e}{R_a} \tag{3-21}$$

则式(3-18)可写成

$$M_m = \alpha M_s - f\omega_m \qquad (3-22)$$

式中，f 是常数，因此其转速特征曲线是随 α 不同而不同的一簇具有相同的斜率的直线。

2）交流伺服电机的转矩特性

普通交流伺服电机常用的转子有鼠笼转子、空心杯子和永磁式转子三种。前两种伺服电机分别如图 3-14 和图 3-15 所示。

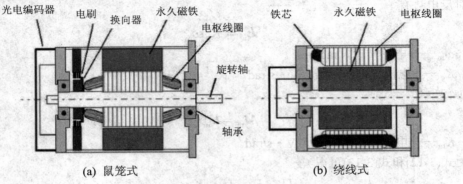

（a）鼠笼式　　　　　　　　　　　　（b）绕线式

图 3-14　鼠笼转子伺服电机

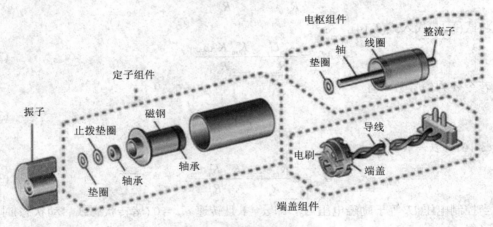

图 3-15　空心杯子伺服电机

按电机理论，可将交流伺服电机的输出转矩归纳为如下形式：

$$M_m = \alpha M_s - f_a \omega_m \qquad (3-23)$$

式中，M_m——电机输出转矩，N·m；

$\quad\quad\omega_m$——电机转子转速，rad/s；

$\quad\quad f_a$——信号为 α 时的电机阻尼系数，N·m·s。

信号系数为控制电压 U_e 与励磁电压 U_c 的比值，即

$$\alpha = \frac{U_e}{U_c} \qquad (3-24)$$

由微电机控制理论可知，式(3-23)中：

$$\boldsymbol{M}_{\mathrm{sa}} = \alpha \boldsymbol{M}_{\mathrm{s}} \tag{3-25}$$

式中，$\boldsymbol{M}_{\mathrm{s}}$ 为当 $\alpha = 1$ 的堵转扭矩，即产品目录上的堵转扭矩值。

$$f_{\mathrm{a}} = \frac{\alpha^2 + 1}{2} f \tag{3-26}$$

式中，f 为 $\alpha = 1$ 时的电机阻尼系数，且

$$f = \frac{\boldsymbol{M}_{\mathrm{s}}}{\omega_0} \tag{3-27}$$

式中，ω_0 为 $\alpha = 2$ 时的空载转速，且

$$\omega_0 = 0.015 n_0 \tag{3-28}$$

最终得到

$$\boldsymbol{M}_{\mathrm{m}} = \alpha \boldsymbol{M}_{\mathrm{s}} - \frac{(\alpha^2 + 1)\boldsymbol{M}_{\mathrm{s}}}{2\omega_0} \omega_{\mathrm{m}} \tag{3-29}$$

3) 总传动比的选择

电机要克服的负载力矩有两种典型情况：一种是峰值力矩，它对应于电机最严重的工作情况，一般在机器人关节电机启动时出现；另一种为均方根力矩，它对应于电机长期连续地在变负荷下工作的情况。

(1) 峰值力矩特性。

折算到电机的负载峰值力矩为

$$\boldsymbol{M}_{\mathrm{LP}}^{\mathrm{m}} = \frac{\boldsymbol{M}_{\mathrm{LP}}}{i_{\mathrm{t}}\eta} + \frac{\boldsymbol{M}_{\mathrm{fP}}}{i_{\mathrm{t}}\eta} + \left(J_{\mathrm{m}} + J_{\mathrm{G}}^{\mathrm{m}} + \frac{J_{\mathrm{L}}}{i_{\mathrm{t}}^2\eta} \right) i_{\mathrm{t}}\, \varepsilon_{\mathrm{LP}} \tag{3-30}$$

式中，$J_{\mathrm{G}}^{\mathrm{m}}$——传动装置各传动零件折算到电机轴上的转动惯量，$\mathrm{kg \cdot m^2}$；

　　　$\boldsymbol{M}_{\mathrm{LP}}$——作用在负载轴上的峰值力矩，如机器人最大抓重对应的作用力矩等，$\mathrm{N \cdot m}$；

　　　$\boldsymbol{M}_{\mathrm{fP}}$——作用在负载轴上的峰值摩擦力矩，$\mathrm{N \cdot m}$；

　　　J_{m}——电机轴上的转动惯量，$\mathrm{kg \cdot m^2}$；

　　　J_{L}——负载轴上的转动惯量，$\mathrm{kg \cdot m^2}$；

　　　η——传动装置的效率；

　　　$\varepsilon_{\mathrm{LP}}$——负载轴的峰值角加速度，$\mathrm{rad/s^2}$。

由式(3-30)可知，折算到电机轴上的负载峰值力矩是总传动比的函数，式(3-30)称为负载的峰值力矩特性。

(2) 均方根力矩特性。

折算到电机轴上的负载均方根力矩为

$$\boldsymbol{M}_{\mathrm{LP}}^{\mathrm{r}} = \sqrt{\left(\frac{\boldsymbol{M}_{\mathrm{Lr}}}{i_{\mathrm{t}}\eta} \right)^2 + \left(\frac{\boldsymbol{M}_{\mathrm{fr}}}{i_{\mathrm{t}}\eta} \right) + \left[\left(J_{\mathrm{m}} + J_{\mathrm{G}}^{\mathrm{m}} + \frac{J_{\mathrm{L}}}{i_{\mathrm{t}}^2\eta} i_{\mathrm{t}}\, \varepsilon_{\mathrm{Lr}} \right) \right]^2} \tag{3-31}$$

式中，M_{Lr}——负载轴上的均方根作用力矩，N·m；

　　　　M_{fr}——负载轴上的均方根摩擦力矩，N·m；

　　　　ε_{Lr}——负载轴上的均方根角加速度，rad/s²。

由式(3-31)可知，折算到电机轴上负载均方根力矩也是总传动比的函数。

(3) "折算峰值力矩最小"的最佳总传动比。

令 $\mathrm{d}M_{LP}^r/\mathrm{d}i_t = 0$ 由式(3-30)可得"折算峰值力矩最小"的最佳总传比为

$$i_{opt} = \sqrt{\frac{M_{LP} + M_{fP} + J_L \varepsilon_{LP}}{(J_m + J_G^m)\varepsilon_{LP}\eta}} \tag{3-32}$$

将式(3-32)代入式(3-30)，得到在这一最佳总传动比上折算的峰值力矩最小值为

$$M_{LP}^m = 2\frac{\sqrt{(M_{LP} + M_{fP} + J_L \varepsilon_{LP}) + (J_m + J_G^m)\varepsilon_{LP}\eta}}{\eta} \tag{3-33}$$

(4) "折算均方根力矩最小"的最佳总传动比。

令 $\mathrm{d}M_{LP}^r/\mathrm{d}i_t = 0$，由式(3-31)可得"折算均方根力矩最小"的最佳总传动比为

$$i_{opt} = \sqrt{\frac{M_{Lr}^2 + M_{fr}^2 + (J_L \varepsilon_{Lr})^2}{\left[(J_m + J_G^m)\varepsilon_{Lr}\eta\right]^2}} \tag{3-34}$$

对应于一定的负载转速要求，当伺服电机与负载通过"折算峰值力矩最小"的总传动比进行匹配时，电机克服负载峰值力矩所消耗的功率最小；同样，当与通过"折算均方根力矩最小"的总传动比进行匹配时，电机克服负载均方根力矩所消耗的功率就最小。从这个意义上讲，最佳总传动比实现了功率的最佳传递，即实现了能量的最佳传递。

思 考 题

(1) 工业机器人控制系统由哪几部分组成？

(2) 工业机器人控制系统都包含哪些基本功能？

(3) 工业机器人控制策略有哪些？各自在哪些控制细节方面有明显优势？

(4) 简述工业机器人位置控制、速度控制、力矩控制之间的区别与特点。

(5) 简述工业机器人的示教-再现控制方式的形式和特点。

(6) 简述工业机器人关节减速器的类型及其优缺点。

(7) 陈述工业机器人关节伺服电机的选型计算过程。

第四章　工业机器人传感系统

★★★
【知识点】

- ◆ 机器人传感器的分类
- ◆ 内部传感器的种类
- ◆ 位置传感器的原理与应用
- ◆ 速度传感器的类型
- ◆ 力觉传感器的类型
- ◆ 内部传感器的种类
- ◆ 触觉传感器的原理与应用
- ◆ 滑觉传感器的原理
- ◆ 接近觉传感器的原理与应用
- ◆ 传感器的选型要点
- ◆ 工业机器人典型传感器系统

【重点掌握】

- ★ 机器人传感器的类型划分及工业应用
- ★ 增量式、绝对式光电编码器的原理区别及其应用特点
- ★ 触觉传感器的分类及应用
- ★ 接近觉传感器的分类与应用

4.1　工业机器人传感器概述

4.1.1　工业机器人与传感器

　　传感器在工业机器人构成中占据重要地位。工业机器人传感系统使机器人能够与外界进行信息交换，是决定工业机器人性能水平的关键因素之一。与普遍、大量应用的工业检测传感器相比，工业机器人传感器对传感信息的种类和智能化处理的要求更高。无论是科

学研究还是实现产业化，都需要有多种学科、技术和工艺作为支撑。

自从 1959 年世界上诞生第一台机器人以来，机器人技术取得了长足的进步和发展。机器人技术的发展大致经历了以下三个阶段。

第一代机器人——示教-再现型机器人。示教-再现型机器人对于外界的环境没有感知。这一代机器人几乎不配备任何传感器，一般采用简单的开关控制、示教-再现控制和可编程控制，机器人的运动路径、参数等都需要通过示教或编程的方式给定。因此，在工作过程中，它无法感知环境的改变，也无法及时调整自身的状态适应环境的变化。例如，1962 年美国研制成功 PUMA 通用示教-再现型机器人，这种机器人通过一个计算机来控制一个多自由度的一个机械，并通过示教存储程序和信息，工作时把信息读取出来，然后发出指令，这样机器人可以重复地根据人当时示教的结果再现出这种动作。再例如，搬运机器人由操作者对其进行过程示教，机器人进行存储，之后机器人重复所示教的动作。

第二代机器人——感觉型机器人。这种机器人配备了简单的传感器系统，拥有类似人具有的某种功能的感觉，如力觉、触觉、滑觉、视觉、听觉等，能够通过感觉来感受和识别工件的形状、大小、颜色；同时能感知自身运行的速度、位置、姿态等物理量，并以这些信息的反馈构成闭环控制。传感器系统使得机器人能够检测自身的工作状态、探测外部工作环境和对象状态等。

第三代机器人——智能型机器人。20 世纪 90 年代以来，人们发明的机器人带有多种传感器，可以进行复杂的逻辑推理、判断及决策，在变化的内部状态与外部环境中，自主决定自身的行为。

近年来传感器技术得到迅猛发展，同时技术也更为成熟完善，这在一定程度上推动着机器人技术的发展。传感器技术的革新和进步，势必会为机器人行业带来革新和进步。因为机器人很多功能都是依靠传感器来实现的。为了实现在复杂、动态及不确定性环境下机器人的自主性，或为了检测作业对象及环境或机器人与它们之间的关系，目前各国的科研人员逐渐将视觉、听觉、压觉、热觉、力觉传感器等多种不同功能的传感器合理地组合在一起，形成机器人的感知系统，为机器人提供更为详细的外界环境信息，进而促使机器人对外界环境变化做出实时、准确、灵活的行为响应。

不得不承认，即使是目前世界上智能程度最高的机器人，它对外部环境变化的适应能力也非常有限，还远远没有达到人们预想的目标。一方面传感器的使用和发展提高了工业机器人的水平，促进了工业机器人技术的深化；另一方面却因为传感技术有许多难题而又抑制、影响了工业机器人的发展。今后工业机器人能发展到何种程度，传感器将是关键因素之一。

4.1.2　工业机器人传感器的分类

工业机器人的感觉系统可分为视觉、听觉、触觉、嗅觉、味觉、平衡感觉和其他感觉。可以将传感器的功能与人类的感觉器官相比拟，光敏传感器可比为视觉，声敏传感器可比为听觉，气敏传感器可比为嗅觉，化学传感器可比为味觉，压敏、温敏、流体传感器可比为触觉。与常用的传感器相比，人类的感觉能力更优越，但也有一些传感器比人的感觉功能优越，例如感知紫外线或红外线辐射的传感器，感知电磁场、无色无味的气体的传感器等。

工业机器人传感器的种类繁多，分类方式也不是唯一的。根据传感器在系统中的作用来划分，工业机器人的传感器可分为内部传感器和外部传感器。其中，内部传感器是为了检测机器人的内部状态，在伺服控制系统中作为反馈信号，如位移、速度、加速度等传感器；外部传感器是为了检测作业对象及环境与机器人的联系，如视觉、触觉、力觉距离等传感器。

内部传感器是测量机器人自身状态的功能元件，具体检测的对象有关节的线位移、角位移等几何量，速度、角速度、加速度等运动量，还有倾斜角、方位角、振动等物理量，即主要用来采集来自机器人内部的信息；而外部传感器则主要用来采集机器人和外部环境以及工作对象之间相互作用的信息。内部传感器常在控制系统中用作反馈元件，检测机器人自身的状态参数，如关节运动的位置、速度、加速度等；外部传感器主要用来测量机器人周边环境参数，通常跟机器人的目标识别、作业安全等因素有关，如视觉传感器，它既可以用来识别工作对象，也可以用来检测障碍物。从机器人系统的观点来看，外部传感器的信号一般用于规划决策层，也有一些外部传感器的信号被底层的伺服控制层所利用。

内部传感器和外部传感器是根据传感器在系统中的作用来划分的，某些传感器既可当作内部传感器使用，又可以当作外部传感器使用。例如力传感器，用于末端执行器或操作臂的自重补偿中，是内部传感器；用于测量操作对象或障碍物的反作用力时，是外部传感器。

4.1.3　工业机器人对传感器的要求

依据工业机器人自身结构特点及工作环境的特点，通常要求传感器应具备以下 4 个特点。

(1) 精度高，重复性好。机器人传感器的精度直接影响机器人的工作质量。用于检测和控制机器人运动的传感器是控制机器人定位精度的基础。机器人是否能够准确无误地正常工作，往往取决于传感器的测量精度。

(2) 稳定性好，可靠性高。机器人传感器的稳定性和可靠性是保证机器人能够长期稳定可靠地工作的必要条件。机器人经常是在无人照管的条件下代替人来操作，如果它在工作中出现故障，轻者影响生产的正常进行，重者造成严重事故。

(3) 抗干扰能力强。机器人传感器的工作环境比较恶劣，它应当能够承受强电磁干扰、强振动，并能够在一定的高温、高压、高污染环境中正常工作。

(4) 重量轻，体积小，安装方便可靠。对于安装在机器人操作臂等运动部件上的传感器，重量要轻，否则会加大运动部件的惯性，影响机器人的运动性能。对于工作空间受到某种限制的机器人，对体积和安装方便的要求也是必不可少的。

4.2　内　部　传　感　器

4.2.1　位置传感器

目前，机器人系统中使用的位置传感器一般是编码器。编码器是将物理量转换为数字格式的设备。编码器在机器人运动控制系统中的功能是将位置和角度参数转换为数字量。通过使用电接触、磁效应、电容效应和光电转换的机制可以形成各种类型的编码器。最常见的编码器是光电编码器。根据其结构，可分为旋转光电编码器(光电编码盘)和直线光电编码器(光栅尺)，可分别用于检测机器人旋转关节或直线运动关节的位置。分辨率是光电编码器的特征参数，如 800 线/r，1200 线/r，2500 线/r，3600 线/r，甚至更高的分辨率。

透射式旋转光电编码器及其光电转换电路如图 4-1 所示。根据某些编码规则形成的遮光和透光部分的组合被雕刻在与测量轴同心的编码盘上。在编码盘的一侧是发光管，在另一侧是光敏器件。随着测量轴的旋转，穿过编码盘的光束被迫产生间断。通过光电器件的接收和电子电路的处理，产生特定电信号的输出。之后，通过数字处理来计算出位置和速度信息。光电编码器可根据角度位置的检测方式分为绝对型编码器和增量型编码器。

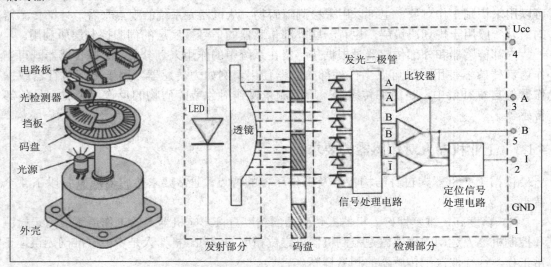

图 4-1　旋转光电编码器工作原理

1. 绝对型光电编码器

绝对型光电编码器具有绝对位置的记忆装置，可以测量旋转轴或移动轴的绝对位置，因此它已广泛应用于机器人系统。对于线性移动轴或旋转轴，在确定编码器的安装位置后，绝对参考零位置就确定了。通常，绝对型光电编码器的绝对零位的存储要依靠不间断的供电电源。目前，一般使用高效的锂离子电池进行供电。

绝对型光电编码器的编码盘由几个同心圆组成，这些同心圆可以称为码道，在这些码道上，沿径向顺序具有各自不同的二进制权值。每个码道根据其权值分为遮光和投射段，分别表示二进制 0 和 1。与码道个数相同的光电器件分别与各自对应的码道对准并沿码盘的半径直线排列，可以通过这些光电器件的检测结果来产生绝对位置的二进制编码。绝对型光电编码器为旋转轴的每个位置均生成唯一的二进制编码，因此可用于确定绝对位置。绝对位置的分辨率取决于二进制编码的位数，即代码信道的数量。例如，10 码道编码器可以生成 1024 个位置，角度分辨率为 $21'6''$。目前，绝对编码器可以有 17 个通道，即 17 位绝对型光电编码器。

　　这里，用 4 位绝对型光电编码器来说明旋转式绝对型光电编码器的工作原理，如图 4-2 所示。图 4-2(a)所示的码盘使用标准二进制编码，其优点是可以直接用于绝对位置换算。但是这种代码盘很少在实践中使用，因为当编码器在两个位置的边缘交替或前后摆动时，由于码盘制作或光电器件排列的误差会产生编码数据的大幅跳动，导致位置显示和控制错误。例如，在位置 0111 和 1000 的交叉点处，可能出现诸如 1111、1110、1011、0101 等数据，因此绝对型光电编码器通常使用格雷码循环二进制码盘，如图 4-2(b)所示。

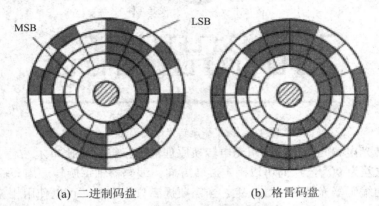

(a)　二进制码盘　　　　　　　　　　(b)　格雷码盘

图 4-2　绝对型光电编码器的码盘

　　在格雷码盘上，两个相邻数据之间只有一个数据变化，因此在测量过程中没有大的数据跳跃。格雷码在本质上是一种对二进制的加密处理，其每位不再具有固定的权值，必须先通过解码过程将其转换为二进制代码，然后才能获取位置信息。该解码过程可以由硬件解码器或软件实现。

　　绝对型光电编码器的优点是静止或关闭后再打开，仍然可以得到位置信息；但缺点是结构复杂，成本高。此外，它的信号引线会随着分辨率的增加而增加。例如，18 位绝对编码器的输出至少需要 19 条信号线。然而，随着集成电路技术的发展，可以将检测机构与信号处理电路、解码电路甚至通信接口进行集成，形成数字化、智能或网络化的位置传感器，这是一个发展方向。再例如，已有集成化的绝对位置传感器产品将检测机构与数字处理电路集成在一起，输出信号线的数量减少到只有几个，可以是分辨率为 12 位的模拟信号或串行数据。

2. 增量型旋转光电编码器

　　增量型光电编码器是常见的编码器类型，在一般机电系统中有着广泛的应用。对于通用伺服电机，为了实现闭环控制，会在电机内与电机轴同轴安装光电编码器，实现电机的精确运动控制。增量型光电编码器可以记录旋转轴或移动轴的相对位置变化，但不能给出移动轴的绝对位置。因此，这种光电编码器通常用于定位精度较低的机器人，如搬运、码垛机器人等。

　　增量型旋转光电编码器通过两个内部光敏接收管转换其角码盘的时序和相位关系，以获得角度码盘角位移的增加(正方向)或减少(负方向)。在进行角度测量和角速度的测量的工作中，与绝对型旋转光电编码器相比，增量型旋转光电编码器(在加入数字电路尤其是单片机后)具有更便宜、更简单的优势，如图 4-3 所示。

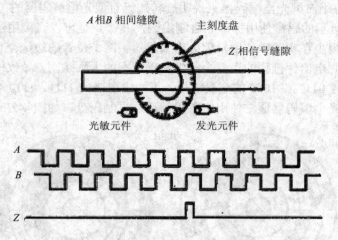

图 4-3　增量型旋转光电编码器

　　增量型旋转光电编码器直接利用光电转换原理输出三组方波脉冲 A、B、Z 相位。A、B 两组脉冲相位差为 90°，从而可以确定旋转方向。编码器轴每旋转一周会输出一个固定脉冲，脉冲数由编码器光栅的线数决定。当需要提高分辨率时，可以使用相差 90° 的 A、B 信号来倍频或替换高分辨率编码器。Z 相位是每转一个脉冲，用于参考点定位。其优点是原理结构简单，平均机械寿命可达数万小时以上，抗干扰能力强，可靠性高，适用于远距离传输；缺点是无法输出轴旋转的绝对位置信息，如图 4-4 所示。

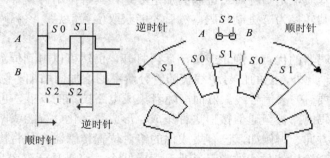

图 4-4　增量型旋转光电编码器 A、B 相脉冲

　　A、B 两点对应两个光敏接收管，A、B 两点间距为 $S2$，角度码盘的光栅间距分别为 $S0$ 和 $S1$。通过输出波形图可知每个运动周期的时序如表 4-1 所示。

表 4-1　A、B 时序表

顺时针运动		逆时针运动	
A	B	A	B
1	1	1	1
0	1	1	0
0	0	0	0
1	0	0	1

　　保存当前的 A、B 输出值，并将它们与下一个 A 和 B 输出值进行比较，便可获得角度

码盘的运动方向。如果光源栅格 $S0$ 等于 $S1$，也就是说，$S0$ 和 $S1$ 弧度夹角相同，且 $S2$ 等于 $S0$ 的 1/2，那么可得到此次角度码盘运动位移角度为 $S0$ 弧度夹角的 1/2，除以所消耗的时间，就得到此次角度码盘运动位移角速度。$S0$ 等于 $S1$ 时，且 $S2$ 等于 $S0$ 的 1/2 时，1/4 个运动周期就可以得到运动方向位和位移角度；如果 $S0$ 不等于 $S1$，$S2$ 不等于 $S0$ 的 1/2，那么要 1 个运动周期才可以得到运动方向位和位移角度了。

3. 直线型光电编码器(光栅尺)

直线型光电编码器可理解为将旋转编码器的编码部分由环形拉直而演变成直尺形。直线型光电编码器同样可制作为增量型和绝对型。在这里只介绍直线增量型光电编码器，如图 4-5 所示。它与旋转编码器的区别是直线编码器的分辨率以栅距表示，而不是旋转编码器的每转脉冲数。

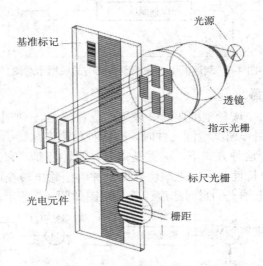

图 4-5　直线增量型光电编码器工作原理

从图中可以看到，光源经透镜形成平行光束，经过五个指示光栅(Scanning Reticule，又称扫描光栅、定光栅)照射到标尺光栅(Scale，又称主光栅、动光栅)上。这里的指示光栅与前面介绍的旋转编码器中挡板的作用相同，可以制作为一个整体。透过光栅组合的光线在对应的光电器件上产生 A、B 和零位等 5 个信号，同样可以和旋转编码器一样利用这些信号产生方向信号和倍频细分信号。

4.2.2　速度传感器

速度传感器是一种机器人内部传感器，它是闭环控制系统不可缺少的组成部分，用于测量机器人关节的运动速度。目前，有许多传感器可以用于测量速度，比如大多数执行位置测量的传感器也可以同时获得速度信息。测速发电机是使用最广泛的速度测量传感器，它可以直接获得代表转速的电压，并具有良好的实时性能。在机器人系统中，以速度为主要目标的伺服控制并不常见，而以机器人的位置控制更为常见。有些情况下，如果需要考虑机器人运动过程的质量，就需要速度传感器、加速度传感器。下面介绍几种机器人控制中常用的测速传感器。根据输出信号的形式，可以把这些速度传感器分为模拟式和数字式两种。

1. 模拟式速度传感器

测速发电机是最常用的一种模拟式速度测量传感器，它是一种小型永磁式发电机。其工作原理是基于当励磁磁通恒定时，其输出电压和转子转速成正比，即

$$U = kn \qquad\qquad\qquad (4\text{-}1)$$

式中，U 为测速发电机输出电压，单位为 V；n 为测速发电机转速，单位为 r/min；k 为比例系数。当有负载时，电枢绕组流过电流，由于电枢反应而使输出电压降低；若负载较大或者测量过程中负载变化，则破坏了线性特性而产生误差。为减少误差，必须使负载尽可能地小，而且性质不变。测速发电机总是与驱动电动机同轴连接，这样就测出了驱动电动机的瞬时速度。它在机器人控制系统中的应用示意图如图 4-6 所示。

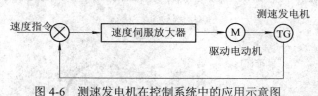

图 4-6　测速发电机在控制系统中的应用示意图

2. 数字式速度传感器

在机器人控制系统中，增量型编码器一般用作位置传感器，但也可以用作速度传感器。当把一个增量型编码器用作速度检测元件时，有两种使用方法。

(1) 模拟式方法。在这种方式下，关键是需要一个转换器，它必须有尽量小的温度漂移和良好的零输入/ 输出特性，用它把编码器的脉冲频率输出转换成与转速成正比的模拟电压，它检测的是电动机轴上的瞬时速度。其示意图如图 4-7 所示。

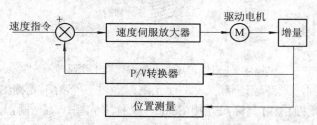

图 4-7　增量式编码器用作速度传感器示意图

(2) 数字式方法。编码器是数字元件，它的脉冲个数代表了位置，而单位时间里的脉冲个数表示这段时间里的平均速度。显然单位时间越短，越能代表瞬时速度，但在太短的时间里，只能计到几个编码器脉冲，因而降低了速度分辨率。目前，在技术上有多种办法能够解决这个问题。例如，可以采用两个编码器脉冲为一个时间间隔，然后用计数器记录在这段时间里高速脉冲源发出的脉冲数。利用编码器的测速原理如图 4-8 所示。

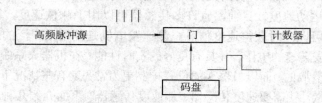

图 4-8　利用编码器的测速原理

设编码器每转输出 1000 个脉冲，高速脉冲源的周期为 0.1 ms，门电路每接收到一个编码器脉冲就开启，再接收到一个编码器脉冲就关闭。这样周而复始，也就是门电路开启时间是两个编码器脉冲的间隔时间。例如，计数器的值为 100，则编码器角位移为

$$\Delta\theta = \frac{2}{1000} \times 2\pi \tag{4-2}$$

时间增量 Δt = 脉冲源周期 × 计数值 = 0.1 ms × 100 = 10 ms，则速度为

$$V = \frac{\Delta\theta}{\Delta t} = \frac{\frac{2}{1000} \times 2\pi}{10 \times 10^{-3}} = 1.26(\text{r/s}) \tag{4-3}$$

4.2.3 加速度传感器

随着机器人的高速化、高精度化，机械运动部件刚度不足而引起的振动问题越来越受到关注。为了解决振动问题带来的影响，加速度传感器越来越受到重视。可以把加速度传感器安装在机器人的各个杆件上，以测量振动加速度并将其反馈给驱动器；也可以把加速度传感器安装在机器人的末端执行器上，把测量的加速度进行数值积分，并添加到反馈链路以改善机器人的性能。由于机器人的运动是三维的，运动范围很宽，因此接触式振动传感器可以直接安装在连杆和其他部件上。虽然机器人的振动频率仅为几十赫兹，但由于谐振特性易于改变，因此要求传感器具有低频和高灵敏度的特性。

1. 应变片加速度传感器

N-Cu 或 Ni-Cr 金属电阻应变片加速度传感器是由板弹簧支撑的重锤组成的振动系统，板弹簧上、下两侧分别粘贴两个应变片，如图 4-9 所示。应变片受到振动的影响产生应变，通过检测电桥电路的输出电压来检测应变片电阻值的变化。

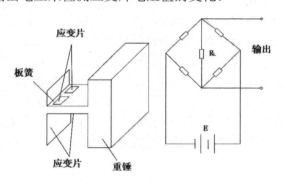

图 4-9 应变片加速度传感器

S 或 Ge 半导体压阻元件也可用于加速度传感器。不过，与金属电阻相比，半导体应变片的应变系数是金属电阻应变片的 50～100 倍，灵敏度很高，但温度特性差，需要加补偿电路。

2. 伺服加速度传感器

伺服加速度传感器是一种采用了负反馈工作原理的加速度传感器，又称"力平衡加速度传感器"。它属于一种闭环系统。

　　伺服加速度传感器有一个弹性支承的质量块,质量块上附着一个位移传感器(如电容式位移传感器)。当基座振动时,质量块也会随之偏离平衡位置,偏移的大小由位移传感器检测得到,该信号经伺服放大电路放大后转换为电流输出,该电流流过电磁线圈从而产生电磁力,该电磁力的作用将使质量块回复到原来的平衡位置上。由此可见,电磁力的大小必然正比于质量块所受加速度的大小,而该电磁力又是正比于电流大小的,所以通过测量该电流的大小即可得到加速度的值。伺服加速度传感器如图 4-10 所示。

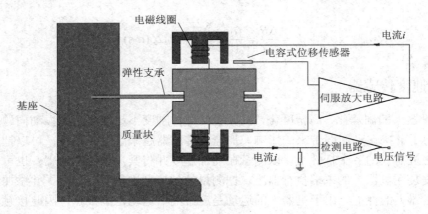

图 4-10　伺服加速度传感器

　　由于采用了负反馈工作原理,伺服加速度传感器通常具有极好的幅值线性度,在峰值加速度幅值高达 $50g$ 时通常可达万分之几。另外还具有很高的灵敏度,某些伺服加速度传感器具有几微 g 的灵敏阈值,频率范围通常为 $0\sim500\ Hz$。

3. 压电加速度传感器

　　压电加速度传感器利用具有压电效应的材料将产生加速度的力转化为电压。具有压电效应的材料在外力作用下发生机械变形时,会产生电压,反之,施加电压时也会产生机械变形。压电元件主要由高介电系数钛酸铬铅材料制成。如果压电常数为 d,则加在元件上的应力与电荷的关系为 $Q = dF$。如果压电元件电容为 C,输出电压为 U,则 $U = Q/C = dF/C$,其中 U 和 F 在很大动态范围内保持线性关系。压电元件的形变有三种基本模式:压缩形变、剪切形变和弯曲形变,如图 4-11 所示。图 4-12 为采用剪切模式的加速度传感器结构。在传感器中,一对扁平或圆柱形压电元件被垂直地固定在轴对称位置。压电元件的剪切压电常数大于压电常数,而且不受横向加速度的影响。压电元件在一定温度下仍能保持稳定的输出。

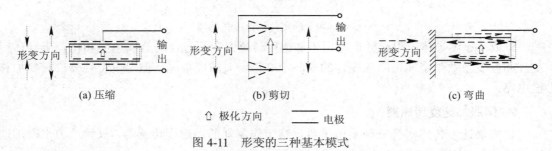

(a) 压缩　　　　　　　　　(b) 剪切　　　　　　　　　(c) 弯曲

⇧ 极化方向　　　▬▬ 电极

图 4-11　形变的三种基本模式

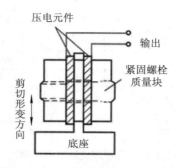

图 4-12 剪切模式的加速度传感器

4.2.4 倾斜角传感器

倾斜角传感器用于测量重力的方向，它主要用于末端执行器或移动机器人的姿态控制。根据测量原理的不同，倾斜角传感器可分为液体式和垂直振子式两种。

1. 液体式倾斜角传感器

液体式倾斜角传感器可分为气泡位移式、电解液式、电容式和磁流体式等。下面介绍气泡位移式倾斜角传感器和电解液式倾斜角传感器。图 4-13 为气泡位移式倾斜角传感器的结构和测量原理。含有气泡的液体被密封在一个半球形容器中，并与上面 LED 发出的光对齐；容器下部分为四部分，分别安装四个光电二极管来接收透射光。液体和气泡有不同的透射率，液体在光电二极管上的投影位置随传感器倾角的变化而变化。因此，可以通过计算对角的光电二极管感光量的差分来测量出二维倾斜角。该传感器测量范围为 20° 左右，分辨率可达 0.001°。

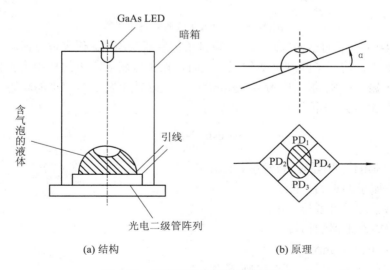

(a) 结构   (b) 原理

图 4-13 气泡位移式倾斜角传感器

电解液式倾斜角传感器的结构如图 4-14 所示。在管状容器内封入 KCl 之类的电解液和气体，并在其中插入 3 个电极。容器倾斜时，溶液移动，中央电极和两端电极间的电阻及电容量改变，使容器相当于一个阻抗可变的元件，可用交流电桥电路进行测量。

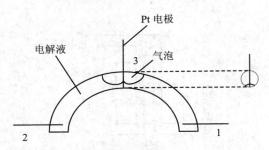

图 4-14　电解液式倾斜角传感器

2. 垂直振子式倾斜角传感器

图 4-15 为垂直振子式倾斜角传感器示意图。振子悬挂在一张挠性的薄片上。当传感器倾斜时，振子离开平衡位置以保持其垂直方向。通常，根据振子是否偏离平衡位置和偏移角函数(通常为正弦函数)来检测倾斜角度。但是由于容器的限制，测量范围只能在振子自由振荡的允许范围内，不能检测到过大的倾斜角。

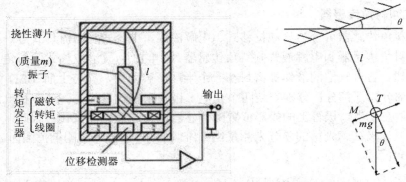

图 4-15　垂直振子式倾斜角传感器

根据图 4-15 所示的结构原理图，当倾斜角传感器倾斜时，代表位移函数的输出电流反馈到转矩线圈中，使振子回到平衡位置。此时，振子倾斜后产生的作用力由振子重力的分力形成，因此振子产生的力矩 $\boldsymbol{M} = \boldsymbol{mg}\sin\theta \cdot l$，电磁转矩发生器产生的转矩 $\boldsymbol{T} = \boldsymbol{K} \cdot i$。当平衡时应该有 $\boldsymbol{M} = \boldsymbol{T}$，所以得到倾斜角度为

$$\theta = \arcsin\frac{K \cdot i}{mg \cdot l} \tag{4-4}$$

式中，θ ——倾角传感器的倾斜角度，rad；

mg ——振子的重力，N；

l ——振子连接件长度，m；

K ——扭矩发生器的扭转系数；

i ——输出电流，mA。

根据测出的线圈电流，可求出倾斜角。

4.2.5　力觉传感器

力觉是指对机器人手指、四肢和关节所受的力的知觉，包括腕力知觉、关节力知觉和

支撑力知觉。根据被测对象的负载，力传感器可分为力传感器(单轴力传感器)、力矩表(单轴力矩传感器)、手指传感器(用于检测机器人手指受力的微型单轴力传感器)和六轴力觉传感器。六轴力觉传感器通常安装在机器人的手腕上，因此又称腕力传感器。

1. 筒式腕力传感器

图 4-16 所示为一种筒式 6 自由度腕力传感器，主体为铝圆筒，外侧由 8 根梁支撑，其中 4 根为水平梁，4 根为垂直梁。水平梁的应变片贴于上、下两侧，设各应变片所受到的应变量分别为 Q_X^+、Q_Y^+、Q_X^-、Q_Y^-；而垂直梁的应变片贴于左右两侧，设各应变片所受到的应变量分别为 P_X^+、P_Y^+、P_X^-、P_Y^-。那么，施加于传感器上的 6 维力即可计算得到。

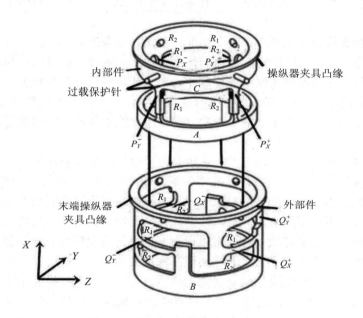

图 4-16　一种筒式 6 自由度腕力传感器

2. 十字形腕力传感器

图 4-17 为美国最早提出的十字形弹性体构成的腕力传感器结构原理示意图。十字形所形成的四个臂作为工作梁，四个工作梁的一端与外壳连接。在每个梁的四个表面上选取测量敏感点，通过粘贴应变片获取电信号。

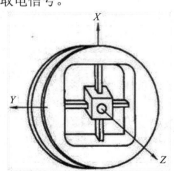

图 4-17　十字形弹性体构成的腕力传感器

4.3　外部传感器

4.3.1　触觉传感器

　　触觉用来感知是否与其他物体接触，是诸如接触、冲击和压力等机械刺激感觉的综合。触觉可以用来进一步感知物体的物理属性，如形状、柔软和坚硬等。一般来说，把能够探测到与外界直接接触产生的接触感、压力感、触觉和接近觉的传感器称为机器人的触觉传感器。

　　机器人的触觉传感器主要有三方面功能。首先，使操作动作适宜，例如感知手指和物体之间的作用力，我们就可以判定这个动作是否适当。这种力也可以作为反馈信号，通过调整给定的操作程序来实现柔性动作控制。这个功能是视觉无法替代的。其次，识别操作对象的属性，如尺寸、质量、硬度等。有时它也可以在一定程度上代替视觉进行形状识别，这在视觉无法工作时是非常重要的。再次，它是用来躲避危险、障碍物等，以防止碰撞等事故。

　　最简单的触觉传感器是微动开关，它也是最早使用的触觉传感器。它工作范围广，不受电磁干扰，操作简单，使用方便，成本低廉。单个微动开关通常工作在开-关状态，它可以用二位的方式指示是否处于接触状态。如果仅仅需要检测是否与对象物体接触，那么这种二位微动开关能满足要求。但是，如果需要检测物体的形状，我们需要在接触面上高密度地安装敏感元件。虽然微动开关可以很小，但是与高灵敏度触觉传感器的要求相比，这种开关式的微动开关仍然太大，无法实现高密度安装。

　　导电合成橡胶是一种常见的触觉传感器敏感元件，它是在硅橡胶中添加导电颗粒或半导体材料(如银或碳)构成的导电材料。这种材料价格低廉，使用方便，有柔性，可用于机器人多指灵巧手的手指表面。导电合成橡胶有多种工业等级，这种导电橡胶的体电阻随压力变化不大，但接触面积和反向接触电阻随外力变化较大。基于这一原理的触觉传感器可以实现在 1 厘米的面积内有 256 个触觉敏感单元，敏感范围为 $1g \sim 100g$。图 4-18 所示为 D 截面导电橡胶线的压阻触觉传感器，采用两根垂直导电橡胶线实现行-列交叉定位。当正压增大时，D 截面导电橡胶发生变形，接触面积增大，接触电阻减小，从而实现触觉感知。

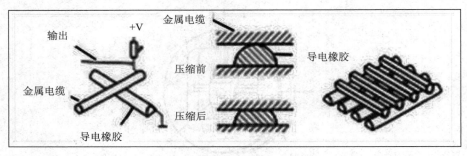

图 4-18　D 截面导电橡胶线触觉传感器

另一种常见的触觉传感器是半导体应变计。金属和半导体的压阻器件已被用于构建触觉传感器阵列。最常用的应变计是金属箔应变计，特别是它们跟形变元件粘贴在一起可将外力变换成应变，因此进行测量的应变计用的更多。利用半导体技术可以在硅等半导体上制作应变元件，甚至可以在同一硅片上制作信号调理电路。硅触觉传感器的优点是具有良好的线性、低滞后和蠕变小等，以及可在硅片上制作多通道调制、线性化和温度补偿电路；缺点是传感器容易过载。此外，硅集成电路的平面导电性限制了其在机器人灵巧指尖形状传感器中的应用。

一些晶体具有压电效应，因此也可作为一类敏感元件。然而，晶体通常是脆性的，很难直接制造触觉或其他传感器。1969 年发现的 PVF2(聚偏氟乙烯)等聚合物具有良好的压电性能，特别是良好的柔韧性，是理想的触觉传感器材料。当然，制造机器人触觉传感器有很多方法，例如，通过光学、磁性、电容、超声波、化学等原理，开发机器人触觉传感器是可能的。

1. 压电式传感器

常用的压电晶体是石英晶体，石英晶体在受压时会产生一定的电信号。石英晶体产生的电信号的强度是由它们所受的压力值决定的。通过检测这些电信号的强度，可以检测出被测物体所受的力。压电式力传感器不仅可以测量物体受到的压力，还可以测量物体的张力。在测量拉紧力时，需要给压电晶体一定的预紧力。由于压电晶体不能承受过大的应变，所以其测量范围很小。

在机器人的应用中，通常不会出现过大的力，所以压电式力传感器更适合。压电式传感器安装时，与传感器表面接触的零件应具有良好的平行度和较低的表面粗糙度，而且硬度应低于传感器接触表面的硬度，确保预紧力垂直于传感器的表面，以使石英晶体上生成均匀的压力分布。图 4-19 所示为三分力压电式传感器。它由三对石英晶片组成，可以同时测量三个方向的作用力。其中上、下两对晶片利用晶体的剪切效应，分别测量 x 方向和 y 方向的作用力；中间一对晶片利用晶体的纵向压电效应，测量方向的作用力。

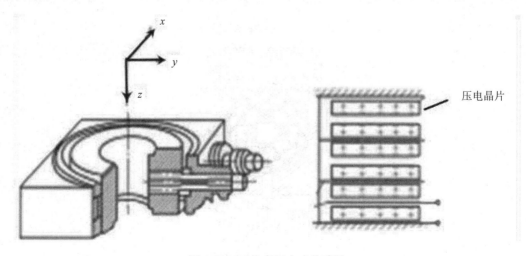

图 4-19 三分力压电式传感器

2. 光纤压力传感器

图 4-20 所示的光纤压力传感器单元基于全内反射破坏原理,是一种光强度调制的高灵敏度光纤传感器。发射光纤和接收光纤通过直角棱镜连接。棱镜的斜面与位移膜片之间的气隙约为 0.3 μm,在膜片的下表面包覆有光学吸收层。当膜片受压力向下移动时,棱镜的斜面与光吸收层间的气隙发生改变,从而引起棱镜界面内全内反射的局部破坏,使部分光离开上界面进入吸收层并被吸收。因此,接收光纤中的光强也随之改变。当膜片受压时,便产生弯曲变形,对于周边固定的膜片,在小挠度时($W \leqslant 0.5t$),膜片中心位移与所受压力成正比。

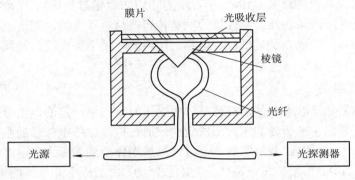

图 4-20　光纤压力传感器

4.3.2　滑觉传感器

当机器人抓取一个属性未知的物体时,其自身应能确定最佳握紧力的给定值。当抓取力不足时,需要检测被抓取物体的滑动情况。利用检测信号,在不损坏物体的前提下,考虑最可靠的夹持方法。实现这一功能的传感器称为滑觉传感器,它有振动式和球式两种。当物体在传感器表面滑动时,和滚轮或环相接触,把滑动变成旋转。图 4-21 显示了南斯拉夫贝尔格莱德大学制造的球式滑觉传感器,由一个金属球和一个触针组成。金属

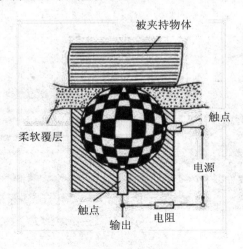

图 4-21　球式滑觉传感器

球的表面被划分为几个交替排列的导电和绝缘晶格。触针头部细小，每次只能触及一个方格。当工件滑动时，金属球随之旋转，脉冲信号输出到触针上。脉冲信号的频率反映了滑动速度，脉冲信号的数量与滑动距离相对应。

另一种传感器，它通过振动来检测滑动的感觉，称为振动滑觉传感器。图 4-22 所示为振动滑觉传感器，其表面伸出的触针能和物体接触。当物体滚动时，触针与物体接触而产生振动，这种振动由压电传感器或带有磁场线圈结构的微小位移计检测。

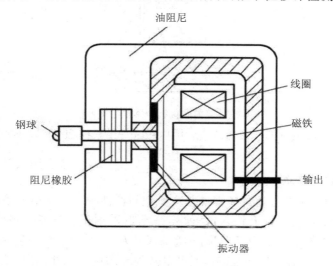

图 4-22　振动式滑觉传感器

4.3.3　接近觉传感器

接近觉传感器是机器人用来检测自身与周围物体的相对位置和距离的传感器。它的使用对于机器人工作过程中及时进行轨迹规划和预防事故发生具有重要意义。它主要有以下三个方面的作用：

(1) 在接触物体之前，先获取必要的信息，为以后的动作做好准备。

(2) 当发现障碍物时，改变路线或停止运行，以避免发生碰撞。

(3) 得到对象物体表面形状的信息。根据传感范围，接近觉传感器大致可分为三类：磁力式(感应式)、气压式、电容式、视觉接近传感器等用于近距离物体(mm 级)的传感；红外式接近传感器用于感知中等距离(30 cm 以内)的物体；超声波和激光等传感器用于感知远距离(30 cm 以上)的物体。

1. 磁力式接近传感器

图 4-23 所示为磁力式接近传感器结构原理。它由励磁线圈 C_0 和检测线圈 C_1 及 C_2 组成，C_1、C_2 的圈数相同，接成差动式。当未接近物体时由于这种传感器构造上的对称性，输出为 0；当接近物体(金属)时，由于金属产生涡流而使磁通发生变化，从而使检测线圈输出产生变化。这种传感器不大受光、热、物体表面特征影响，可小型化与轻量化，但只能探测金属对象。

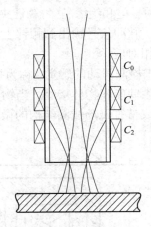

图 4-23　磁力式接近传感器结构原理

日本日立公司将其用于弧焊机器人上，用以跟踪焊缝，在 200℃ 以下检测距离 0～8 mm，误差只有 4%。

2. 气压式接近传感器

图 4-24 所示为气压式接近传感器的基本原理与特性图。它是根据喷嘴-挡板作用原理设计的，气压源 P_V 经过节流孔进入背压腔，又经喷嘴射出，气流碰到被测物体后形成背压输出 P_A。合理地选择压力值(恒压源)、喷嘴尺寸及节流孔大小，便可得出输出 P_A 与距离 X 间的对应关系，一般不是线性的，但可以做到局部近似线性输出。这种传感器具有较强防火、防磁、防辐射能力，但要求气源保持一定程度的净化。

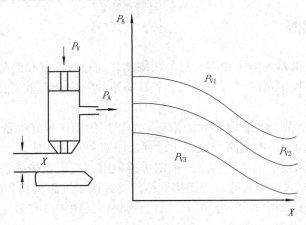

图 4-24　气压式接近传感器基本原理与特性图

3. 红外式接近传感器

红外传感器是一种比较有效的接近传感器，传感器发出的光的波长大约在几百纳米范围内，是短波长的电磁波。它是一种辐射能转换器，主要用于将接收到的红外辐射能转换为便于测量或观察的电能、热能等其他形式的能量。根据能量转换方式，红外探测器可分为热探测器和光子探测器两大类。红外传感器具有不受电磁波干扰、非噪声源、可实现非常接触性测量等特点。另外，红外线(指中、远红外线)不受周围可见光的影响，故在昼夜都可进行测量。同声呐传感器相似，红外传感器工作处于发射/接收状态。这种传感器由同一发射源发射红外线，并用两个光检测器测量反射回来的光量。由于这些仪器测量光的差异，它们受环境的影响非常大，物体的颜色、方向、周围的光线都能导致测量误差。但由于发射光线是光而不是声音，可以在相当短的时间内获得较多的红外线传感器测量值，测距范围较近。基于三角测量原理的红外传感器测距原理为：红外线发射器按照一定的角度发射红外光束，当遇到物体以后，光束会反射回来，图 4-25 所示反射回来的红外光线被 CCD 检测器检测到以后，会获得一个偏移值 L；利用三角关系，在知道了发射角度 α、偏移距 L、中心距 X 以及滤镜的焦距以后，传感器到物体的距离 D 就可以通过几何关系计算出来了。

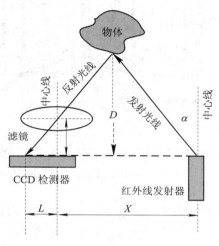

图 4-25 红外传感器测距原理图

受器件特性的影响，红外传感器抗干扰性差，即容易受各种热源和环境光线影响。探测物体的颜色、表面光滑程度不同，反射回的红外线强弱就会有所不同。并且由于传感器功率因素的影响，其探测距离一般在 10～500 cm 之间。

4. 超声波接近传感器

超声波接近传感器用于机器人对周围物体的存在与距离的探测。尤其对移动式机器人，安装这种传感器可随时探测前进道路上是否出现障碍物，以免发生碰撞。

超声波是人耳听不见的一种机械波，其频率在 20 kHz 以上，波长较短，绕射小，能够作为射线而定向传播。超声波传感器由超声波发生器和接收器组成。超声波发生器有压电式、电磁式及磁滞伸缩式等，在检测技术中最常用的是压电式。压电式超声波传感器，就是利用了压电材料的压电效应，如石英、电气石等。逆压电效应将高频电振动转换为高频机械振动，以产生超声波，可作为"发射"探头。利用正压电效应，则将接收的超声振动转换为电信号，可作为接收探头。

由于用途不同，压电式超声传感器有多种结构形式。图 4-26 所示为其中一种，即所谓双探头(一个探头发射，另一个探头接收)，带有晶片座的压电晶片装入金属壳体内，压电晶片两面镀有银层，作为电极板，底面接地上面接有引出线。阻尼块(或称吸收块)的作用是降低压电片的机械品质因素，吸收声能量，防止电脉冲振荡停止时，压电片因惯性作用而继续振动。阻尼块的声阻抗等于压电片声阻抗时，效果最好。

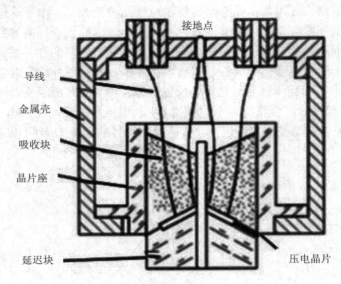

图 4-26　超声双探头结构

　　真实环境中，超声波接近传感器数据的精确度和可靠性会随着距离的增加和环境模型的复杂性上升而下降。总的来说，超声波接近传感器的可靠性很低，测距的结果存在很大的不确定性，主要表现在以下 4 点：

　　(1) 超声波接近传感器测量距离的误差。除了传感器本身的测量精度问题外，还受外界条件变化的影响。如声波在空气中的传播速度受温度影响很大，同时和空气湿度也有一定的关系。

　　(2) 超声波接近传感器散射角。超声波接近传感器发射的声波有一个散射角，超声波接近传感器可以感知障碍物在散射角所在的扇形区域范围内，但是不能确定障碍物的准确位置。

　　(3) 串扰。机器人通常都装备多个超声波接近传感器，此时可能会发生串扰问题，即一个传感器发出的探测波束被另外一个传感器当作自己的探测波束接收到。这种情况通常发生在比较拥挤的环境中，对此只能通过几个不同位置多次反复测量验证，同时合理安排各个超声波传感器工作的顺序。

　　(4) 声波在物体表面的反射。声波信号在环境中不理想的反射是实际环境中超声波接近传感器遇到的最大问题。当光、声波、电磁波等碰到反射物体时，任何测量到的反射都是只保留原始信号的部分，剩下的部分能量或被介质物体吸收，或被散射，或穿透物体。有时超声波传感器甚至接收不到反射信号。

　　5. 激光传感器

　　激光传感器是利用激光技术进行测量的传感器。它由激光器、激光检测器和测量电路组成。其中，激光器是产生激光的一个装置。激光器的种类很多，按激光器的工作物质可分为固体激光器、气体激光器、液体激光器及半导体激光器。激光传感器是新型测量仪表，它的优点是能实现无接触远距离测量，速度快，精度高，量程大，抗光电干扰能力强等。

　　激光传感器能够测量很多的物理量，比如长度、速度、距离等。激光传感器种类很多，下面介绍几种常用激光测距方法的原理有脉冲激光测距、相位激光测距和三角法激光测距。

　　(1) 脉冲激光测距传感器的原理是：由脉冲激光器发出持续时间极短的脉冲激光，经过待测距离后射到被测目标，有一部分能量会被反射回来，被反射回来的脉冲激光称为回波。回波返回到测距仪，由光电探测器接收。根据主波信号和回波信号之间的间隔，即激光脉冲从激光到被测目标之间的往返时间，就可以算出待测目标的距离。

　　(2) 相位激光测距传感器的原理是：对发射的激光进行光强调制，利用激光空间传播时调制信号的相位变化量，根据调制波的波长计算出该相位延迟所代表的距离。即用相位延迟测量的间接方法代替直接测量激光往返所需的时间，实现距离的测量。这种方法精度可达到毫米级。

　　(3) 三角法激光测距传感器的原理是：由激光器发出的光线经过会聚透镜聚焦后入射到被测物体表面上，接收透镜接收来自入射光点处的散射光，并将其成像在光电位置探测器敏感面上。当物体移动时，通过光点在成像面上的位移来计算出物体移动的相对距离。三角法激光测距的分辨率很高，可以达到微米数量级。

4.3.4　力觉传感器

　　力觉是指对机器人的指、肢和关节等运动中所受力的感知，主要包括腕力觉、关节力觉和支座力觉等。根据被测对象的负载，可以把力觉传感器分为测力传感器(单轴力传感器)、力矩表(单轴力矩传感器)、手指传感器(检测机器人手指作用力的超小型单轴力传感器)和六轴力觉传感器。

　　力觉传感器根据力的检测方式不同，可以分为：

　　(1) 检测应变或应力的应变片式。应变片式力觉传感器被机器人广泛采用。

　　(2) 利用压电效应的压电元件式。

　　(3) 用位移计测量负载产生的位移的差动变压器、电容位移计。

　　在选用力传感器时，首先要特别注意额定值，其次注意在机器人通常的力控制中力的精度意义不大，重要的是分辨率。

　　在机器人上实际安装使用力觉传感器时，一定要事先检查操作区域，清除障碍物，这对实验者的人身安全，以及对保证机器人及外围设备不受损害有着重要意义。

4.3.5　传感器融合

　　系统中使用的传感器种类和数量越来越多，每种传感器都有一定的使用条件和感知范围，并且又能给出环境或对象的部分或整个侧面的信息，为了有效地利用这些传感器信息，需要采用某种形式对传感器信息进行综合、融合处理。不同类型信息的多种形式的处理系统就是传感器融合。传感器的融合技术涉及神经网络、知识工程、模糊理论等信息、检测、控制领域的新理论和新方法。传感器融合类型有多种，现举两种例子。

1. 竞争性融合

在传感器检测同一环境或同一物体的同一性质时，传感器提供的数据可能是一致的，也可能是矛盾的。若有矛盾，就需要系统裁决。裁决的方法有多种，如加权平均法、决策法等。在一个导航系统中，车辆位置的确定可以通过计算法定位系统(利用速度、方向等记录数据进行计算)或陆标(如交叉路口、人行道等参照物)观测确定。若陆标观测成功，则用陆标观测的结果对计算法的值进行修正，否则利用计算法所得的结果。

2. 互补性融合

传感器提供不同形式的数据。例如，识别三维物体的任务就说明这种类型的融合。利用彩色摄像机和激光测距仪确定一段阶梯道路，彩色摄像机提供图像(如颜色、特征)，而激光测距仪提供距离信息，两者融合即可获得三维信息。

4.4　传感器的选型

在选择合适的传感器以满足特定的需要时，必须从多个方面考虑传感器的不同特性。这些特性决定了传感器的性能、经济性、简单性和适用范围。在某些情况下，可以选择不同类型的传感器来实现相同的目标。此时，在选择传感器之前，应考虑以下因素。

1. 成本

传感器的成本是需要考虑的一个重要因素，特别是当一台机器需要多个传感器时。但是，成本必须与其他设计要求相平衡，例如可靠性、传感器数据的重要性、精度和寿命。

2. 尺寸

根据传感器的应用，尺寸有时可能是最重要的。例如，关节位移传感器必须适应关节设计，能够与机器人的其他部件一起移动，但关节周围的可用空间可能有限。此外，大型传感器可能会限制关节的运动范围。因此，确保为关节传感器留出足够的空间非常重要。

3. 重量

由于机器人是一个移动装置，传感器的重量非常重要。传感器过重会增加机械手的惯性，并降低总载荷。

4. 输出的类型(数字式或模拟式)

根据不同的应用，传感器的输出可以是数字量也可以是模拟量，它们可以直接使用，也可能必须对其进行转换后才能使用。例如，电位器的输出是模拟量，而编码器的输出则是数字量。

如果编码器连同微处理器一起使用，其输出可直接传输至处理器的输入端，而电位器的输出则必须利用模数转换器(ADC)转变成数字信号。哪种输出类型比较合适必须结合其他要求进行折中考虑。

5. 接口

传感器必须能与其他设备相连接，如微处理器和控制器。倘若传感器与其他设备的接口不匹配或两者之间需要其他的额外电路，那么需要解决传感器与设备间的接口问题。

6. 分辨率

分辨率是传感器在测量范围内所能分辨的最小值。在绕线式电位器中，它等同于一圈的电阻值。在一个 n 位的数字设备中，分辨率＝满量程/$2n$。例如，四位绝对式编码器在测量位置时，最多能有 $2^4 = 16$ 个不同等级。因此，分辨率是 $360° / 16 = 22.5°$。

7. 灵敏度

灵敏度是输出响应变化与输入变化的比。高灵敏度传感器的输出会由于输入波动(包括噪声)而产生较大的波动。

8. 线性度

线性度反映了输入变量与输出变量之间的关系。这意味着具有线性输出的传感器在其量程范围内，任意相同的输入变化将会产生相同的输出变化。几乎所有器件在本质上都具有一些非线性，只是非线性的程度不同。在一定的工作范围内，有些器件可以认为是线性的，而其他一些器件可通过一定的前提条件来线性化。如果输出不是线性的，但已知非线性度，则可以通过对其适当地建模、添加测量方程或额外的电子线路来克服非线性度。例如，如果位移传感器的输出按角度的正弦变化，那么在应用这类传感器时，设计者可按角度的正弦来对输出进行刻度划分，这可以通过应用程序，或能根据角度的正弦来对信号进行分度的简单电路来实现。于是，从输出来看，传感器好像是线性的。

9. 量程

量程是传感器能够产生的最大与最小输出之间的差值，或传感器正常工作时最大和最小输入之间的差值。

10. 响应时间

响应时间是传感器的输出达到总变化的某个百分比时所需要的时间，它通常用占总变化的百分比来表示，例如 95%。响应时间也定义为当输入变化时，观察输出发生变化所用的时间。例如，简易水银温度计的响应时间长，而根据辐射热测温的数字温度计的响应时间短。

11. 频率响应

假如在一台性能很高的收音机上接上小而廉价的扬声器，虽然扬声器能够复原声音，但是音质会很差；而同时带有低音及高音的高品质扬声器系统在复原同样的信号时，会具有很好的音质。这是因为两喇叭扬声器系统的频率响应与小而廉价的扬声器大不相同。因为小扬声器的自然频率较高，所以它仅能复原较高频率的声音。而至少含有两个喇叭的扬声器系统可在高、低音两个喇叭中对声音信号进行还原，这两个喇叭一个自然频率高，另一个自然频率低，两个频率响应融合在一起使扬声器系统复原出非常好的声音信号(实际上，信号在接入扬声器前均进行过滤)。只要施加很小的激励，所有的系统就都能在其自然频率附近产生共振。随着激振频率的降低或升高，响应会减弱。频率响应带宽指定了一个范围，在此范围内系统响应输入的性能相对较高。频率响应的带宽越大，系统响应不同输入的能力也越强。考虑传感器的频率响应和确定传感器是否在所有运行条件下均具有足够快的响应速度是非常重要的。

12. 可靠性

可靠性是系统正常运行次数与总运行次数之比。对于要求连续工作的情况，在考虑费用以及其他要求的同时，必须选择可靠且能长期持续工作的传感器。

13. 精度

精度定义为传感器的输出值与期望值的接近程度。对于给定输入，传感器有一个期望输出，而精度则与传感器的输出和该期望值的接近程度有关。

14. 重复精度

对同样的输入，如果对传感器的输出进行多次测量，那么每次输出都可能不一样。重复精度反映了传感器多次输出之间的变化程度。通常，如果进行足够次数的测量，那么就可以确定一个范围，它能包括所有在标称值周围的测量结果，那么这个范围就定义为重复精度。通常，重复精度比精度更重要，在多数情况下，不准确度是由系统误差导致的，因为它们可以预测和测量，所以可以进行修正和补偿。重复性误差通常是随机的，不容易补偿。

4.5　工业机器人典型传感器系统

在现代工业中，机器人常常用来完成物料搬运、装配、喷漆、焊接、检验等任务。工作任务不同，对机器人感受系统的要求也会随之变化。

用于搬运的机器人，如果不具备完善的感觉系统，那么它们只是在指定的位置上抓取确定的零件。而且，在机器人实现自动搬运前，既需要给机器人定位，还需要采用某种辅助设备或工艺措施，确定好被抓零件的准确位置和姿态。这既增加了加工工序，也使得设备整体结构更加复杂。为了改善这种状况，可以为搬运机器人增加必要的感觉能力，如视觉、触觉和力觉，等等。其中，视觉传感器系统用于被抓取零件的粗定位，使机器人能够根据任务要求，寻找所需的零件，并确定该零件的大致位置；触觉传感器系统用于感知被抓取零件是否到位，还可以获取该零件的准确位置和姿态，并有助于提高机器人抓取零件的准确性；力觉传感器系统主要用于控制搬运机器人的夹持力，防止机器人手爪损坏被抓取的零件。

用于装配的机器人对传感器的要求与搬运机器人相似，通常也需要视觉、触觉和力觉等感觉能力。但是，装配机器人对工作位置的精度要求更高，例如括销、轴、螺钉和螺栓等装配工作。为了获得装配零件的相应装配位置，利用视觉传感器系统选择合适的装配零件并大致定位，而机器人触觉传感器系统能自动修正装配位置。

喷漆机器人一般需要两种传感器系统：一种主要用于位置(或速度)检测，另一种用于物体识别。位置检测传感器包括光电开关、测速码、超声波测距传感器、气动安全保护器等。当喷漆工件进入喷漆机器人工作范围时，立即打开光电开关，通知正常喷漆要求。一方面，超声波测距传感器可用于检测喷漆零件的到达；另一方面，它可用于监测机器人及其周围设备的相对位置变化，以避免碰撞。一旦机器人的末端执行器与周围物体碰撞，气动安全保护器将自动切断机器人的电源，减少不必要的损失。现代生产往往采用多种混合加工的柔性生产方式。喷漆机器人系统必须同时处理不同种类的工件，要求喷漆机器人具有零件识别功能。因此，待喷漆的工件进入喷漆操作区域时，机器人需要识别工件的类型，然后从内存中提取相应的加工程序进行喷漆。该任务的传感器包括阵列触觉传感器系统和机器人视觉系统。由于制造水平的限制，阵列触觉传感器系统只能识别形状简单的工件，而视觉传感器系统则需要对形状复杂的工件进行识别。

焊接机器人包括点焊机器人和电弧焊机器人。这两种类型的机器人都需要由位置传感器和速度传感器控制。位置传感器主要采用光电增量码，也可以采用更精确的电位器。

从目前的制造水平来看，光电增量码具有较高的检测精度和可靠性，但价格昂贵。目前，速度传感器主要采用测速发电机。其中，交流测速发电机具有线性度高、正反输出对称等特点，比直流测速发电机更适用于弧焊机器人。为了检测点焊机器人与待焊工件的接近程度，以及控制点焊机器人的运动速度，点焊机器人还需要配备接近传感器。弧焊机器人对传感器有着特殊的要求，需要传感器沿焊缝自动定位焊枪，并自动跟踪焊缝。目前，触觉传感器、位置传感器和视觉传感器是实现这一功能的常用传感器。

思　考　题

(1) 增量型、绝对型光电编码器各具哪些特点？分别常用于哪些工业应用的位置检测？

(2) 光栅尺常用于哪些应用的位置测量？

(3) 哪些行业常应用速度传感器和加速度传感器？

(4) 简述力觉传感器的开发原理。力觉传感器在哪些工业机器人中常安装采用？

(5) 不同类型的触觉传感器常用于哪些种类的机器人开发？

(6) 举例说明，不同原理的接近觉传感器在现实生活中的应用都有哪些方面？

(7) 简述滑觉传感器的工作原理及其可能的应用环境。

第五章　工业机器人的示教及编程语言

【知识点】

◆ 工业机器人的示教作业

◆ 工业机器人的仿真模拟作业

◆ 机器人编程语言的类别

◆ 动作级语言和对象级语言

【重点掌握】

★ 工业机器人的示教作业

★ 离线编程的主要内容

★ AL 语言及其特征

★ AUTOPASS 语言及其特征

5.1　示教编程概述

机器人的示教与操作是机器人运动和控制的结合点，是实现人与机器人通信的主要方法，也是研究和使用机器人系统最困难和关键的问题之一。

机器人的工作能力基本上是由其软件系统决定的。机器人的软件系统能实现什么样的示教和操作决定了机器人实用功能的灵活性和智能程度。如何教一台机器人完成某个任务，或者说一台机器人能够编程到什么程度，决定了该机器人能适应什么任务以及机器人的适应性。例如，如何让机器人执行复杂顺序的任务？如何让机器人快速地从一种操作方式转换到另一种操作方式？如何让普通的工人操作机器人？如何提高机器人的示教效率？所有这些问题，都是使用机器人所需要考虑的问题，而且与机器人的控制问题密切相关。

随着机器人应用的推广，机器人的示教和操作得到越来越多的关注。本章将介绍机器人示教的类别和特性、机器人编程语言的类别与特性、机器人遥操作，并结合典型案例介绍机器人的示教与操作。

5.2　工业机器人的示教作业

给机器人示教编程是有效使用机器人的前提。由于机器人的控制装置和作业要求多种多样，国内外语言尚未制定统一的机器人控制代码标准，所以编程语言也是多种多样的。目前，在工业生产中应用的机器人的主要编程示教方式有以下几种形式。

1．顺序控制的编程示教

在顺序控制的机器人中，所有的控制都是由机械的或电气的顺序控制器实现的。按照我们的定义，这里没有程序设计的要求。顺序控制的灵活性小，这是因为所有的工作过程都已编好，或由机械挡块，或由其他确定的方法所控制。大量的自动机都是在顺序控制下操作的。这种方法的主要优点是成本低，易于操作和控制。

2．示教方式编程(手把手示教)

目前90%以上的机器人还是采用示教方式编程。示教方式是一项成熟的技术，易于被熟悉工作任务的人员所掌握，而且用简单的设备和控制装置即可进行。示教过程进行得很快，示教过后，马上即可应用。在对机器人进行示教时，机器人控制系统存入存储器的轨迹和各种操作。如果需要，过程还可以重复多次。在某些系统中，还可以用与示教时不同的速度再现。

如果能够从一个运输装置获得使机器人的操作和搬运装置同步的信号，就可以用示教的方法来解决机器人与搬运装置配合的问题。

示教方式编程也有一些缺点：

(1) 只能在人所能达到的速度下工作；

(2) 难与传感器的信息相配合；

(3) 不能用于某些危险的情况；

(4) 在操作大型机器人时，这种方法不实用；

(5) 难获得高速度和直线运行；

(6) 难与其他操作同步。

使用示教器可以克服其中的部分缺点。

3．示教器示教

利用装在控制器上的按钮可以驱动机器人按需要的顺序进行操作。在示教器中，每一个关节都有一对按钮，分别控制该关节在两个方向上的运动。有时还提供附加的最大允许速度控制。虽然为了获得最高的运行效率，人们希望机器人能实现多关节合成运动，但在用示教器示教的方式下，却难以同时移动多个关节。电视游戏机上游戏杆虽可用来提供在几个方向上的关节速度，但它也有缺点。这种游戏杆通过移动控制器中的编码器或电位器来控制各关节的速度和方向，但难以实现精确控制。

示教器一般用于对大型机器人或危险作业条件下的机器人示教。但这种方法仍然难以获得高的控制精度，也难以与其他设备同步或与传感器信息相配合。

4. 离线编程的示教

离线编程是指用机器人程序语言预先进行程序设计，而不是用示教的方法编程。离线编程有以下几个方面的优点：

(1) 编程时可以不使用机器人，可腾出机器人去做其他工作。

(2) 可预先优化操作方案和运行周期。

(3) 以前完成的过程或子程序可结合到待编的程序中去。

(4) 可用传感器探测外部信息，从而使机器人做出相应的响应。这种响应使机器人可以工作在自适应的方式下。

(5) 控制功能中可以包含现有的计算机辅助设计(CAD)和计算机辅助制造(CAM)的信息。

(6) 可以预先运行程序来模拟实际运动，从而不会出现危险。利用图形仿真技术，可以在屏幕上模拟机器人运动来辅助编程。

(7) 对不同的工作目的，只需替换一部分待定的程序。

在非自适应系统中，没有外界环境的反馈，仅有的输入是各关节传感器的测量值，因此可以使用简单的程序设计手段。

5. 基于演示的机器人示教

基于演示的机器人示教就是通过人体的演示运动，基于传感器抽出眼熟运动的关键信息(如关键部位的位置、姿态等)，将关键信息转换为机器人能够识别的信息，从而让机器人再现人体的演示运动。基于演示的机器人示教已经发展 30 多年，得到了机器人领域学者的广泛关注。如何让一台纯粹的预编程机器人变成一台基于用户的柔性机器人来完成一项任务，这是基于演示的机器人示教来实现的目标。一方面，我们希望机器人学习得更快；另一方面则希望机器人具有友好的人机交互，能够适应人类的日常生活。

早期的基于演示的机器人示教采用用户引导生成策略，只要简单地复制演示的动作。随着机器学习的发展，基于演示的机器人示教结合了很多学习方法(如人工神经网络、模糊逻辑和隐形马尔科夫模型等)，这使演示示教能够适应新的状况。随着仿人机器人、仿生机器人的发展，基于演示的机器人示教也关注一些仿生学原理，如视觉运动模仿的原理和小孩模仿能力形成的机理。基于演示的机器人示教的难点在于如何让机器人的行为更加具有人类的柔性和灵活性，如何提高机器人行为的可预见性和可接受性。

5.3　工业机器人的仿真模拟作业(离线编程作业)

机器人离线编程系统是利用计算机图形学的成果，建立起机器人及其工作环境的几何模型，再利用一些规划算法，通过对图形的控制和操作，在离线的情况下进行轨迹规划。通过对编程结果进行三维图形动画仿真，以检测编程的正确性，最后将生成的代码传到机器人控制柜，以控制机器人运动，完成给定任务。

5.3.1　离线编程的主要内容

机器人离线编程系统是机器人编程语言的拓广，通过该系统可以建立机器人和 CAD/CAM

之间的联系。设计编程系统应考虑以下几方面内容。

(1) 所编程的工作过程知识。

(2) 机器人和工作环境的三维实体模型。

(3) 机器人几何学、运动学和动力学知识。

(4) 基于图形显示的软件系统、可进行机器人运动的图形仿真。

(5) 轨迹规划和检查算法，如检查机器人关节角超限、检测碰撞以及规划机器人在工作空间的运动轨迹等。

(6) 传感器的接口和仿真，以利用传感器的信息进行决策和规划。

(7) 通信功能，以完成离线编程系统所生成的运动代码到各种机器人控制柜的通信。

(8) 用户接口，以提供有效的人机界面，便于人工干预和进行系统的操作。

另外，由于离线编程系统是基于机器人系统的图形模型来模拟机器人在实际环境中的工作进行编程的，因此为了使编程结果能符合实际情况，系统应能够计算仿真模型和实际模型之间的误差，并尽量减少二者间的误差。

5.3.2　离线编程系统的组成

一般说来，机器人离线编程系统包括传感器、机器人系统 CAD 建模、离线编程、图形仿真、人机界面以及后置处理等主要模块。

1. 用户接口

离线编程系统的一个关键问题是能否方便地产生机器人编程系统的环境，便于人机交互。因此，用户接口是很重要的。工业机器人一般提供两个用户接口：一个用于示教编程，另一个用于离线编程。示教编程可以用示教器直接编制程序；离线编程则是利用机器人编程语言进行程序编制，目的都是使机器人完成给定的任务。

2. CAD 建模

机器人编程的核心技术是机器人及其工作单元的图形描述。建立工作单元中的机器人、夹具、零件和工具的三位几何模型，一般多采用零件和工具的 CAD 模型。CAD 建模需要完成零件建模、设备建模、系统设计和几何模型处理等任务。

5.4　机器人编程语言的类别和基本特性

5.4.1　机器人编程语言的类别

机器人编程语言是一种程序描述语言，它能十分简洁地描述工作环境和机器人的动作，能把复杂的操作内容通过尽可能简单的程序来实现。机器人编程语言也和一般的程序语言一样，应当具有结构简明、概念统一、容易扩展等特点。从实际应用的角度来看，很多情况下都是操作者实时地操作机器人工作，为此，机器人编程语言还应当简单易学，并且有良好的对话性。高水平的机器人编程语言还能够做出并应用目标物体和环境的几何模型。在工作进行过程中，几何模型又是不断变化的，因此性能优越的机器人语言会极大地减少编程的困难。

从描述操作命令的角度来看，机器人编程语言的水平可以分为：

(1) 动作级。动作级语言以机器人末端执行器的动作为中心来描述各种操作，要在程序中说明每个动作。这是一种最基本的描述方式。

(2) 对象级。对象级语言允许较粗略地描述操作对象的动作、操作对象之间的关系等。使用这种语言时，必须明确地描述操作对象之间的关系和机器人与操作对象之间的关系，它特别适用于组装作业。

(3) 任务级。任务级语言只要直接指定操作内容即可，为此，机器人必须一边思考一边工作。这是一种水平很高的机器人程序语言。

现在还有人在开发一种系统，它能按各种原则给出最初的环境状态和最终的工作状态，然后让机器人自动进行推理、计算，最后自动生成机器人的动作。这种系统现在仍处于基础研究阶段，还没有形成机器人语言。本章主要介绍动作级和对象级语言。

到现在为止，已经有很多种机器人语言问世，其中有的是研究室里的实验语言，有的是实用的机器人语言。前者中比较有名的有美国斯坦福大学开发的 AL 语言、IBM 公司开发的 AUTOPASS 语言、英国爱丁堡大学开发的 RAPT 语言等；后者中比较有名的有由 AL 语言演变而来的 VAL 语言、日本九州大学开发的 IML 语言、IBM 公司开发的 AML 语言等。

5.4.2　机器人语言的基本特性

机器人语言一直以三种方式发展着。

(1) 产生一种全新的语言。

(2) 对老版本语言(指计算机通用语言)进行修改和增加一些句法或规则。

(3) 在原计算机编程语言中增加新的子程序。

因此，机器人语言与计算机编程语言有着密切的关系，它也应有一般程序计算语言所应具有的特性。

1. 清晰性、简易性和一致性

这个概念在点位引导级特别简单。基本运动级作为点位引导级与结构化级的混合体，它可能有大量的指令，但控制指令很少，因此缺乏一致性。结构化级和任务生成级在开发过程中，自始至终考虑了程序设计语言的特性。结构化程序设计技术和数据结构减轻了对特定指令的要求，坐标变换使得表达运动更一般化，而子句的运用大大提高了基本运动语句的通用性。

2. 程序结构的清晰性

结构化程序设计技术的引入，如 while-do-if-then-else 这种类似自然语言的语句代替简单的 if 和 goto 的语句，使程序结构清晰明了，但需要更多的时间和精力来掌握。

3. 应用的自然性

正是由于这一特性的要求，使得机器人语言逐渐增加各种功能，由低级向高级发展。

4. 易扩展性

从技术不断发展的观点来说，各种机器人语言都能满足各自机器人的需要，又能在扩展后满足未来新应用领域以及传感器设备改进的需要。

5. 调试和外部支持工具

它能快速有效地对程序进行修改，已商品化的较低级别的语言有非常丰富的调试手段，结构化级在设计过程中始终考虑到离线编辑，因此也需要少量的自动调试。

6. 效率

语言的效率取决于编程的容易性，即编程效率和语言适应新硬件环境的能力(即可移植性)。随着计算机技术的不断发展，处理速度越来越快，已能满足一般机器人控制的需要，各种复杂的控制算法实用化已指日可待。

5.5　动作级语言和对象级语言

5.5.1　AL 语言及其特征

AL 语言是一种高级程序设计系统，描述诸如装配一类的任务。它有类似 ALCOL 的源语言，有将程序转换为机器码的编译程序和由控制操作机械手和其他设备的实时系统。编译程序是由斯坦福大学人工智能实验室用高级语言编写的，在小型计算机上实时运行。近年来该程序已能够在微型计算机上运行。

AL 语言对其他语言有很大的影响，在一般机器人语言中起主导作用。该语言是斯坦福大学 1974 年开发的。

许多子程序和条件检测语句增加了该语言的力传感和柔顺控制能力。当一个进程需要等待另一个进程完成时，可使用适当的信号语句和等待语句。这些语句和其他的一些语句使得对两个或两个以上的机器人臂进行坐标控制成为可能。利用手和手臂运动控制命令可控制位移、速度、力和力矩。使用 AFFIX 命令可以把两个或两个以上的物体当作一个物体来处理，这些命令使多个物体作为一个物体出现。

1. 变量的表达及特征

AL 变量的基本类型有：标量(SCALAR)、矢量(VECTOR)、旋转(ROT)、坐标系(FRAME)和变换(TRANS)。

(1) 标量。标量与计算机语言中的实数一样，是浮点数，它可以进行加、减、乘、除和指数五种运算，也可以进行三角函数和自然对数的变换。AL 中的标量可以表示时间(TIME)、距离(DISTANCE)、角度(ANGLE)、力(FORCE)或者它们的组合，并可以处理这些变量的量纲，即秒(sec)、英寸(inch)、度(deg)、盎司(ounce)等。在 AL 中有几个事先定义过的标量：

PI: 3.14159，TRUE = 1，FALSE = 0。

(2) 矢量。矢量由一个三元实数(x, y, z)构成，它表示对应于某坐标系的平移和位置之类的量。与标量一样它们可以是有量纲的。利用 VECTOR 函数，可以由三个标量表达式来构造矢量。

在 AL 中有几个事先定义过的矢量：

```
xhat<-VECTOR(1，0，0);
yhat<-VECTOR(0，1，0);
zhat<-VECTOR(0，0，1)
milvect<-VECTOR(0，0，0)
```

矢量可以进行加、减、点积，以及与标量相乘、相除等运算。

(3) 旋转。旋转表示绕一个轴旋转，用以表示姿态。旋转用函数 ROT 来构造。ROT 函数有两个参数：一个表示旋转轴，用矢量表示；另一个表示旋转角度。旋转规则按右手法则进行。此外，X 函数 AXIS(X)表示求取 x 的旋转轴，而|x|则表示求取 x 的旋转角。

AL 中有一个称为 nilrot 事先说明过的旋转，定义为 ROT(that，0*deg)。

(4) 坐标系。坐标系可通过调用函数 FRAME 来构成。该函数有两个参数：一个表示姿态的旋转，另一个表示位置的距离矢量。AL 中定义 STATION 代表工作间的基准坐标系。

对于在某一坐标系中描述的矢量，可以用矢量 WRT 坐标系的形式来表示(WRT:With Respect To)。如 xhat WRT beam，表示在世界坐标系中构造一个与坐标系 beam 中的 xhat 具有相同方向的矢量。

(5) 变换。TRANS 型变量用来进行坐标系间的变换。与 FRAME 一样，TRANS 包括两部分：一个旋转和一个向量。执行时，先与相对于作业空间的基坐标系旋转部分相乘，然后加上向量部分。当算术运算符 "<-" 作用于两个坐标系时，是指把第一个坐标系的原点移到第二个坐标系的原点，再经过旋转使其轴一致。

因此可以看出，描述第一个坐标系相对于基坐标系的过程，可通过对基坐标系右乘一个 TRANS 来实现。

T6<-base*TRANS(ROT(X, 180*deg), VECTOR(15, 0, 0)*inches);

{建立坐标系 T6，其 z 轴绕 base 坐标系的 x 轴旋转 180°，原点距 base 坐标系原点(15，0，0)in 处}。

E<-T6*TRANS(nilrot, VECTOR(0, 0, 5)*inches);

{建立坐标系 E，其 z 轴平行于 Tg 坐标系的 z 轴，原点距 Tg 坐标系原点(0, 0, 5)in 处}。

Bolt-tip<-feeder*TRANS(nilrot, VECTOR(0, 0, 1)*inches);

Beam-bore<-beam*TRANS(nilrot, VECTOR(0, 2, 3)*inches);

2. 主要语句及其功能

MOVE 语句用来表示机器人由初始位置和姿态到目标位置和姿态的运动。在 AL 中，定义了 barm 为蓝色机械手，yarm 为黄色机械手。为了保证两台机械手在不使用时能处于平衡状态，AL 语言定义了相应的停放位置 bpark 和 ypark。

假定机械手在任意位置，可把它运动到停放位置，所用的语句是：

MOVE　barm　TO　bpark;

如果要求在 4 s 内把机械手移到停放位置，所用指令是：

MOVE　barm　TO　bpark WITH　DURATION = 4*seconds;

符号 "@" 可用在语句中，表示当前位置，如：

MOVE　barm　TO @-2*zhat*inches；

该指令表示机械手从当前位置向下移动 2inches。由此可以看出，基本的 MOVE 语句具有如下形式：

MOVE<机械手>TO<目的地><修饰句子>;

例如：

MOVE barm TO <destination>VIA fl f2 f3;

表示机械手经过中间点 f1、f2、f3 移动到目标坐标系<destination>。

MOVE barm TO block WITH APPROACH=3*zhat*inches;

表示把机械手移动到 z 轴方向上离 block3in 的地方；如果 DEPARTURE 代替 APPROACH，则表示离开 block。关于接近/退避点可以用设定坐标系的一个矢量来表示，如：

WITH APPROACH = <表达式>;

WITH DEPARTURE=<表达式>;

3. AL 程序设计举例

用 AL 语言编制机器人把螺栓插入其中一个孔里的人作业。这个作业需要把机器人移至料斗上方 A 点，抓取螺栓，经过 B 点、C 点，再把它移至导板孔上方 D 点，并把螺栓插在其中一个孔里。

编制这个程序采取的步骤是：

(1) 定义机座、导板、料斗、导板孔、螺栓柄等的位置和姿态。

(2) 把装配作业划分为一系列动作，如移动机器人、抓取物体和完成插入等。

(3) 加入传感器以发现异常情况和监视装配作业的过程。

(4) 重复步骤(1)～(3)，调试改进程序。

按照上面的步骤，编制的程序如下：

```
BEGIN insertion
{设置变量}
bolt-diameter<-0.5*inches;
bolt-height<-1*inches;
Tries<-0;
Grasped<-false;
{定义机座坐标系}
beam<-FRAME(ROT(Z, 90*deg), VECTOR(20, 15, 0)*inches);
Feeder<-FRAME(nilort, VECTOR(25, 20, 0)*inches);
{定义特征坐标系}
bolt<-grasp<-feeder*TRANS(nilrot, nilvect);
Bolt-tip<-bolt-grasp*TRANS(nilrot, VECTOR(0, 0, 0.5)*inches);
Beam-bore<-beam*TRANS(inlrot, VECTOR(0, 0, 1)*inches);
{定义经过的坐标系}
A<-feeder*TRANS(inlrot, VECTOR(0, 0, 5)*inches);
B<-feeder*TRANS(inlrot, VECTOR(0, 0, 8)*inches);
C<-beam-bore*TRANS(inlrot, TRANS(nilrot, VECTOR(0, 0, 5)*inches);
D<-beam-bore*TRANS(inlrot, TRANS(nilrot, bolt-height*Z);
```

{张开手爪}

OPEN　bhand　TO　bolt-diameter+1*inches;

{使手准确定位于螺栓上方}

MOVE　barm　TO　bolt-grasp　VIA　A;

WITH　APPROACH　= -Z　WRT　feeder;

{试着抓取螺栓}

DO

CLOSE　bhand　TO 0.9* bolt-diameter;

IF　bhand<bolt-diameter THEN　BEGIN;

{抓取螺栓失败，再试一次}

OPEN　bhand　TO　bolt-diameter+1*inches;

MOVE　barm　TO　@-1*Z* inches;

END　ELSE　grasped<-TRUE;

Tries<-tries+1;

UNTIL　grasped OP (tries>3);

{如果尝试 3 次未能抓取螺栓，则取消这一动作}

IF　NOT　grasped　THEN　ABORT; {抓取螺栓失败}

{将手臂运动到 B 位置}

MOVE　bram　TO　B　VIA　A;

WITH　DEPARTURE=Z WRT feeder;

{将手臂运动到 D 位置}

MOVE　bram　TO　D　VIA　C;

WITH　DEPARTURE=-Z WRT beam-bore;

{检验是否有孔}

MOVE　barm　TO　beam-bore DIRECTLY;

WITH　FORCE(z)=-10*ounce;

WITH　FORCE(y)=0*ounce;

WITH　FORCE(x)=0*ounce;

WITH　DURATION=5*seconds;

END　insertion;

5.5.2　LUNA 语言及其特征

LUNA 语言是日本 SONY 公司开发用于控制 SRX 系列 SCARA 平面关节性型机器人的一种特有的语言。LUNA 语言具有与 BASIC 相似的语法，它是在 BASIC 语言基础上开发出来的，且增加了能描述 SRX 系列机器人特有的功能语句。该语言简单易学，是一种着眼于末端操作动作的动作语言。

1. 语言概要

LUNA 语言使用的数据类型有标量(整数或实数)、由 4 个标量组成的矢量，它用直角坐标系(O-XYZ)来描述机器人和目标物体的姿态，使人易于理解，而且坐标系与机器人的结构无关。LUNA 语言的命令以指令形式给出，由解释程序来解释。指令又可以分为系统提供的基本指令和由使用者基本指令定义的用户指令。

2. 往返操作的描述

在机器人的操作中，很多基本动作都是有规律的往返动作。机器人末端执行器由 A 点移动到 B 点和 C 点，我们用 LUNA 语言来编制程序为：

```
10    DO    PA    PB    PC；
GO    10
```

可见，用 LUNA 语言可以极为简便地编制动作程序。

5.5.3　AUTOPASS 语言及其特征

靠对象物状态的变化给出大概的描述，将机器人的工作程序化语言称为对象级语言。AUTOPASS、LUMA、RAPT 等都属于这一级语言。AUTOPASS 是 IBM 公司属下的一个研究所提出来的机器人语言，它像给人的组装说明书一样，是针对所描述机器人操作的语言。程序把工作的全部规划分解成放置部件、插入部件等宏功能状态变化指令来描述。AUTOPASS 的编译，是用称作环境模型的数据库，一边模拟工作执行时环境的变化一边决定详细动作，做出对机器人的工作指令和数据。AUTOPASS 的指令分为如下四组：

(1) 状态变更语句：PLACE、INSERT、EXTRACT、LIFT、LOWER、SLIDE、PUSH、ORIENT、TURN、GRASP、RELEASE、MOVE。

(2) 工具语句：OPERATE、CLUMP、LOAP、UNLOAD、FETCH、REPLACE、SWITCH、LOCK、UNLOCK。

(3) 紧固语句：ATTACH、DRIVE-IN、RIVET、FASTEN、UNFASTEN。

(4) 其他语句：VERIFY、OPEN-STATE-OF、CLOSED-STATE-OF、NAME、END。

例如，对于 PLACE 的描述语法为：

```
PLACE<object><preposition phrase><object>

<grasping phrase><final    condition phrase>

<constraint phrase><then    hold>
```

其中，<object>是对象名；<preposition phrase>表示 ON 或 IN 那样的对象物间的关系；<preposition phrase>提供对象物的位置和姿态、抓取方式等；<constraint phrase>是末端执行器的位置、方向、力、时间、速度、加速度等约束条件的描述选择；<then   hold>指令机器人保持现有位置。下面是 AUTOPASS 程序示例，从中可以看出，这种程序的描述很易懂。但是该语言在技术上仍有很多问题没有解决。

(1) OPERATE   nutfeeder   WITH   car-ret-tab-nut   AT   fixture.nest

(2) PLACE   bracker IN fixture   RUCH   THAT

(3) PLACE   interlock   ON   bracket   RUCH   THAT
　　　Interlock.hole IS ALLGNED   WITH   bracket.TOP

(4) DRIVE   IN car-ret-intlk-stud   INTO   car-ret-tab-nut
　　　AT   interlock.hole

　　　　SUCH　　THAT　　TORQUE is　　EQ 12.0 IN-LBS USING-air-driver

　　　　ATTACHING　bracket　AND　interlock

(5)　NAME　bracket　interlock　car-ret-intlk-stud　car-ret-tab-nut

　　　　ASSEMBLY　support-bracket

5.5.4　RAPT 语言及其特征

　　RAPT 语言是英国爱丁堡大学开发的实验用机器人语言，它的语法基础源于著名的数控语言 APT。

　　RAPT 语言可以详细地描述对象物的状态和各对象物之间的关系，能指定一些动作来实现各种结合关系，还能自动计算出机器人手臂为了实现这些操作的动作参数。由此可见，RAPT 语言是一种典型的对象级语言。

　　RAPT 语言中，对象物可以用一些特定的面来描述，这些特定的面是由平面、直线、点等基本元素定义的。如果物体上有孔或突起物，那么在描述对象物时要明确说明，此外还要说明各个组成面之间的关系(平行、相交)及两个对象物之间的关系。如果能给出基准坐标系、对象物坐标系、各组成面坐标系的定义及各坐标系之间的变换公式，则 PART 语言能够自动计算出使对象物结合起来所必需的动作参数。这是 RAPT 语言的一大特征。

　　为了简便起见，我们讨论的物体只限于平面、圆孔和圆柱，操作内容只限于把两个物体装配起来。假设要组装的部件都是由数控机床加工出来的，具有某种通用性。

　　部件可以由下面这种程序块来描述：

　　　　BODY/<部件名>;

　　　　<定义部件的说明>

　　　　TERBODY

其中，部件名采用数控机床的 APT 语言中使用的符号；说明部分可以用 APT 语言来说明，也可以用平面、轴、孔、点、线、圆等部件的特征来说明。

　　平面的描述有下面两种：

　　　　FACE/<线>，<方向>;

　　　　FACE/HORIZONTAL<Z 轴的坐标系>，<方向>;

其中，第一种形式用于描述与 z 轴平行的平面，<线>是由两个<点>定义的，也可以用一个<点>和与某个<线>平行或垂直的关系来定义，而<点>则用(x, y, z)坐标值给出；<方向>是指平面的法线方向，法线方向总是指向物体外部。描述法线方向的符号只有 XLARGE、XS-MALL、YSMALL。例如，XLARGE 表示在含有<线>并与 xy 平面垂直的平面中，取其法线矢量在 x 轴上的分量与 x 轴正方向一致的平面。那么给定一个线和一个法线矢量，就可以确定一个平面。第二种形式用来描述与 z 轴垂直的平面与 z 轴相交点的坐标值，其法线矢量的方向用 ZLARGE 或 ZSMALL 来表示。

　　轴和孔也有类似的描述：

　　　　SHAFT　或　HOLE/<圆>，<方向>;

　　　　SHAFT　或　HOLE/AXIS，<线>RADIUS<数>，<方向>;

前者用一个圆和轴线方向给定。<圆>的定义方法为：

　　　　CIRCLE/CENTER<点>, RADIUS<数>;

其中，<点>为圆心坐标，RADIUS<数>表示半径值。例如：

　　　　C1=CIRCLE/CENTER, P5, RADIUS, R;

式中，C1 表示一个圆，其圆心在 P5 处，半径为 R。

　　　　HOLE/<圆>, <方向>;

表示一个轴线与 z 轴平行的圆孔，圆孔的大小与位置由<圆>指定，其外向方向由<方向>指定(ZIARGE 或 ZSMALL)。

　　与 z 轴垂直的孔则用下述语句表示：

　　　　HOLE/AXIS<线>, RADIUS<数>, <方向>;

其中，孔的轴线由<线>指定，半径由<数>指定，外向方向由<方向>指定(XLARGE、XSMALLYL、ARGE 或 YSMALL)。

　　由上面一些基本元素可以定义部件，并给它起个名字。部件一旦被定义，它就和基本元素一样，可以独立地或与其他元素结合再定义新的部件。被定义的部件，只要改变其数值，便可以描述同类型的尺寸不同的部件。因此，这种定义方法具有通用性，在软件中称为可扩展性。

　　例如，一个具有两个孔的立方体可以用下面的程序来定义：

```
BLOCK=MARCO/BXYZR;
BODY/B;
P1=POINT/0, 0, 0;        定义 6 个点
P2=POINT/X, 0, 0;
P3=POINT/0, Y, 0;
P4=POINT/0, 0, Z;
P5=POINT/X/4, Y/2, 0;
P5=POINT/X-X/4, Y/2, 0;
C1=CIRCLE/CENTER, P5, RADIUS, R          ; 定义两个圆
C2=CIRCLE/CENTER, P6, RADIUS, R.
L1=LINE/P1, P2                           ; 定义四条直线
L2=LINE/P1, P3;
L3=LINE/P3, PARALEL, L1;
L4=LINE/P2, PARALEL, L2;
BACK1=FACE/L2, XSMALL                    ; 定义背面
BOT1=FACE/HORIZONTAL, 0, ZSMALL          ; 定义底面
TOP1=FACE/HORIZONTAL, Z, ZLARGE          ; 定义顶面
RSIDE1=FACE/L1, YSMALL                   ; 定义右面
LSIDE1=FACE/L3, YSMALL                   ; 定义顶面
HOLE1=FACE/C1, YSMALL                    ; 定义左孔
HOLE1=FACE/C2, YSMALL                    ; 定义右孔
TERBOD
RERMAC
```

程序中，BLOCK 代表部件类型，它有 5 个参数。其中，B 为部件代号，X、Y、Z 分别为空间坐标值，R 为孔半径。这里取立方体的一个顶点 P1 为坐标原点，两孔半径相同。因此，X、Y、Z 也表示立方体的 3 个边长。只要代入适当的参数，这个程序就可以当作一个指令被调用。例如，两个立方体可用下面语句来描述：

　　CALL/BLOCK, B=B1, X=6, Y=7, Z=2, R=0.5

　　CALL/BLOCK, B=B2, X=6, Y=7, Z=6, R=0.5

显然，这种定义部件的方法简单、通用，它使语言具有良好的可扩充性。

思 考 题

(1) 工业机器人示教编程有哪几种形式？

(2) 简述工业机器人示教编程的特点及其所适用的技术人群。

(3) 工业机器人离线编程有哪些特点？用户应具有哪些基础知识？

(4) AL 语言主要语句有哪些？可实现哪些功能？

(5) 简述 RAPT 语言及其特征。

第六章　ABB 机器人操作基础

【知识点】

◆ ABB 机器人的系统组成
◆ ABB 示教器的应用
◆ ABB 机器人的编程语言
◆ ABB 机器人的示例练习
◆ RobotStudio 离线编程软件的应用

【重点掌握】

★ 工具坐标系的设置
★ 工件坐标系的设置
★ ABB 机器人 I/O 通信
★ ABB 机器人的编程语言
★ 离线编程的实现步骤

6.1　ABB 机器人的系统组成

6.1.1　设备构成

1. ABB 机器人概述

ABB 机器人由机械系统、控制系统和驱动系统三大重要部分组成。其中，机械系统即为机器人本体，是机器人的支承基础和执行机构，包括基座、臂部、腕部；控制系统是机器人的控制中枢，决定了机器人的功能实现和性能参数，主要功能是根据作业指令程序以及从传感器反馈回来的信号，控制机器人在工作空间中的位置运动、姿态和轨迹规划、操作顺序及动作时间等；驱动系统是指驱动机械系统动作的驱动装置。

ABB-IRB120 小型机器人的构成主要包括机器人本体、控制器和示教器，如图 6-1 所示。

(a) 本体　　　　　　　　　(b) 控制器　　　　　　　　(c) 示教器

图 6-1　ABB-IRB120 机器人系统组成

IRB120 机器人的参数见表 6-1。

表 6-1　IRB120 机器人规格参数

规 格 参 数			
轴数	6	防护等级	IP30
有效载荷	3 kg	安装方式	落地式
到达最大距离	0.58 m	机器人底座规格	180 mm × 180 mm
机器人重量	25 kg	重复定位精度	0.01 mm
运动性能及范围			
轴序号	动作范围		最大速度
1 轴	回转：+165°～-165°		250°/s
2 轴	立臂：+110°～-110°		250°/s
3 轴	横臂：+70°～-90°		250°/s
4 轴	腕：+160°～-160°		360°/s
5 轴	腕摆：+120°～-120°		360°/s
6 轴	腕传：+400°～-400°		420°/s
电 气 连 接			
电源电压	200～600 V		
额定功率			
变压器额定功率	3.0 kVA		
功耗	0.25 kW		

2. ABB 机器人开关机

开机操作：将机器人控制柜上的总电源开关从 OFF 旋转到 ON，即实现了机器人的开机操作。

关机操作：关机操作要按流程执行，反之容易造成系统损坏。其具体步骤如下：

(1) 单击示教器界面左上角的主菜单按钮，然后单击"重新启动"；

（2）在弹出的界面中，单击右下角的"高级…"；

（3）在弹出的高级重启界面中，选择"关闭主计算机"，然后再单击"下一个"；

（4）弹出提示界面，单击"关闭主计算机"；

（5）等待示教器屏幕变成白色时，将总电源开关 ON 扭转到 OFF，就完成了对机器人的关机操作。

6.1.2　ABB 机器人示教器

1. 示教器认知

示教器是进行机器人的手动操纵、程序编写、参数配置以及监控的手持装置，也是学习中最快速、最常用的控制装置。示教器的操作功能组成如图 6-2 所示。

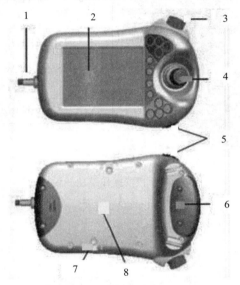

1—连接电缆；2—触摸屏；3—紧急停止按钮；4—控制杆；

5— USB 端口；6—使动装置；7—触摸笔；8—重置按钮

图 6-2　示教器的组成

操作示教器时，通常需要手持该设备，习惯右手在触摸屏上操作的人员通常左手手持该设备，习惯左手在触摸屏上操作的人员通常右手手持该设备。右手手持该设备时可以将显示器显示方式旋转 180 度，以方便操作。示教器手持方式如图 6-3 所示。

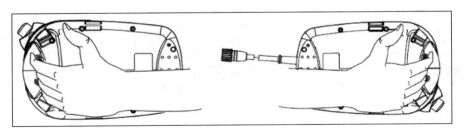

图 6-3　示教器的手持方式

2. 示教器按钮的介绍

ABB 机器人示教器的操作键及功能说明如图 6-4 所示。

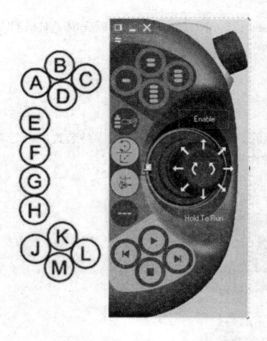

A - D	自定义功能键
E	选择机械单元
F	切换移动模式，重定向或线性
G	切换移动模式，1-3 轴或 4-6 轴
H	切换增量
J	Step BACKWARD(步退)按钮。程序后退一步的指令
K	START(启动)按钮，开始执行程序
L	Step FORWARD(步进)按钮。程序前进一步的指令
M	STOP(停止)按钮。停止程序执行

图 6-4　示教器操作键功能说明

3. 示教器触摸屏

示教器触摸屏的功能组件组成如图 6-5 所示。

A	ABB 主菜单
B	操作员窗口
C	状态栏
D	关闭按钮
E	任务栏
F	"快速设置"菜单

图 6-5　示教器触摸屏的功能组件组成

4．操作界面

ABB 机器人示教器的操作界面包含了机器人参数设置、机器人编程及系统相关设置等功能。比较常用的选项包括输入输出、手动操纵、程序编辑器、程序数据、校准和控制面板等。示教器操作界面如图 6-6 所示，各选项说明如表 6-2 所示。

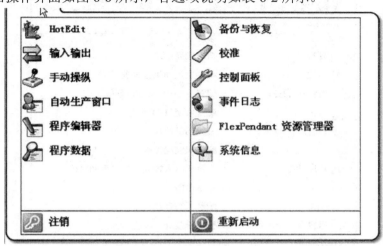

图 6-6　示教器操作界面

表 6-2　示教器操作界面各选项说明

选项名称	说　　明
HotEdit	程序模块下轨迹点位置的补偿设置窗口
输入/ 输出	设置及查看 I/O 视图窗口
手动操纵	动作模式设置、坐标系选择、操纵杆锁定及载荷属性的更改窗口，也可显示实际位置
自动生产窗口	在自动模式下，可直接调试程序并运行
程序编辑器	建立程序模块及例行程序的窗口
程序数据	选择编程时所需程序数据的窗口
备份与恢复	可备份和恢复系统
校准	进行转数计数器和电机校准的窗口
控制面板	进行示教器的相关设定
事件日志	查看系统出现的各种提示信息
FlexPendant 资源管理器	查看当前系统的系统文件
系统信息	查看控制器及当前系统的相关信息

5. 控制面板

ABB 机器人的控制面板包含了对机器人和示教器进行设定的相关功能，如图 6-7 所示；控制面板各选项说明如表 6-3 所示。

图 6-7　控制面板功能

表 6-3　控制面板各选项说明

选项名称	说　　明
外观	可自定义显示器的亮度和设置左手或右手的操作习惯
监控	动作碰撞监控设置和执行设置
FlexPendant	示教器操作特性的设置
I/O	配置常用 I/O 列表，在输入输出选项中显示
语言	控制器当前语言的设置
ProgKeys	为指定输入输出信号配置快捷键
日期和时间	控制器的日期和时间设置
诊断	创建诊断文件
配置	系统参数设置
触摸屏	触摸屏重新校准

6.2　ABB 示教器的应用

6.2.1　ABB 示教器的常用功能

在认识 ABB 机器人示教器的基本结构及界面常用功能的基础上，设置示教器的语言和机器人系统时间，并查看机器人常用信息与事件日志，从而能够完成程序模块的导入及机器人数据的备份与恢复。

1. 示教器的语言设置

示教器出厂时，默认的显示语言为英语，为了方便操作，把显示语言设定为中文的操作。具体步骤如下：

(1) 单击示教器界面左上角的主菜单按钮，然后选择"Control Panel"这一选项，如图 6-8 所示。

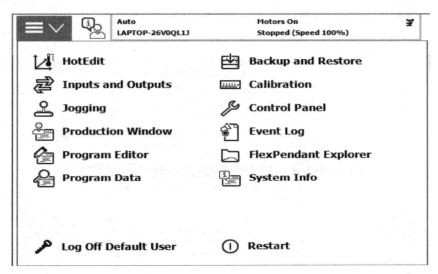

图 6-8　主菜单界面

(2) 在"Control Panel"找到"Language"，单击选择"Language"，如图 6-9 所示。

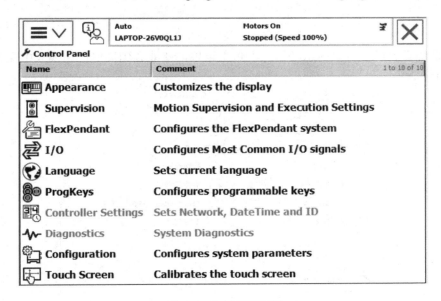

图 6-9　控制面板界面

(3) 弹出各个国家语言选项，选择"Chinese"，然后单击"OK"，如图 6-10 所示。

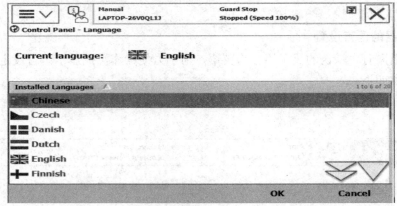

图 6-10　语言选择界面

(4) 弹出系统重启提示，单击"Yes"，系统重启，如图 6-11 所示。

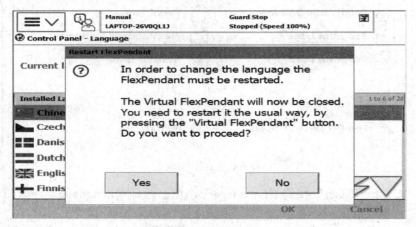

图 6-11　语言修改界面

(5) 系统重启后，再单击示教器左上角主菜单，就能看到菜单已切换成中文界面，如图 6-12 所示。

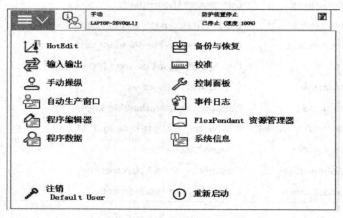

图 6-12　主菜单中文界面

2. 设定机器人系统时间

为方便进行文件的管理和故障的查阅与管理，在进行各种操作之前要将机器人系统时间设定为本地时区时间。具体操作过程如下：

(1) 单击示教器界面左上角的主菜单按钮，如图 6-13 所示。

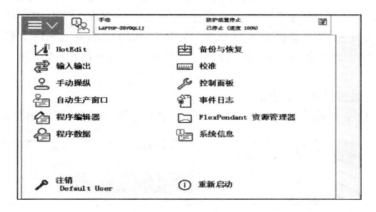

图 6-13　主菜单中文界面

(2) 选择"控制面板"，在控制面板的选项中选择"设置网络、日期时间和 ID"，进行时间和日期的修改，如图 6-14 所示。

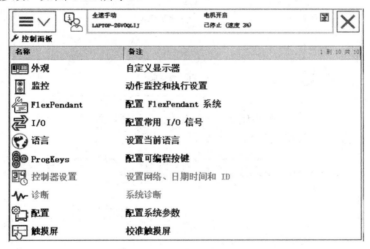

图 6-14　"控制面板"界面

3. 机器人常用信息与事件日志的查看

可以通过示教器画面上的状态栏进行 ABB 机器人常用信息的查看，通过这些信息就可以了解到机器人当前所处的状态及存在的问题。常见的状态和信息如下。

(1) 机器人的状态：手动、全速手动和自动三种状态。

(2) 机器人电动机状态：如果使能键第一挡按下会显示电动机开启，松开或按下第二挡会显示防护装置停止。

(3) 机器人程序运行状态：显示程序的运行或停止。

(4) 当前机器人或外轴的使用状态。

在示教器的操作界面上单击所示窗口的状态栏，就可以查看机器人的事件日志，会显示出操作机器人进行的事件的记录，包括时间、日期等，为分析相关事件提供准确的时间。

4. 机器人数据的备份与恢复

(1) 数据备份。为防止操作人员对机器人系统文件误删除，通常在进行机器人操作前备份机器人系统，备份的对象是所有正在系统内存运行的 RAPID 程序和系统参数，而当机器人系统无法启动或重新安装新系统时，也可利用已备份的系统文件进行恢复。备份系统文件是具有唯一性的，只能将备份文件恢复到原来的机器人中去，否则将会造成系统故障。

数据备份的具体操作步骤如下：

① 单击示教器界面左上角的主菜单按钮，选择"备份与恢复"，如图 6-15 所示。

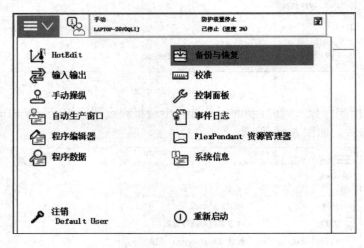

图 6-15　"备份与恢复"选择界面

② 单击"备份当前系统…"按钮，如图 6-16 所示。

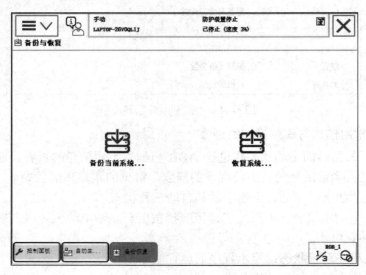

图 6-16　"备份与恢复"界面

③ 在弹出的选择备份位置的界面上单击"ABC..."按钮，进行存放备份数据目录名称的设定；单击"...", 选择备份存放的位置(机器人硬盘或者 USB 存储设备)，选择完成后单击"备份"进行备份的操作，如图 6-17 所示。

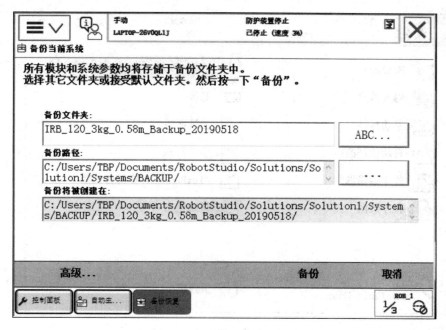

图 6-17　备份地址选择界面

④ 弹出等待界面，等待备份的完成，如图 6-18 所示。

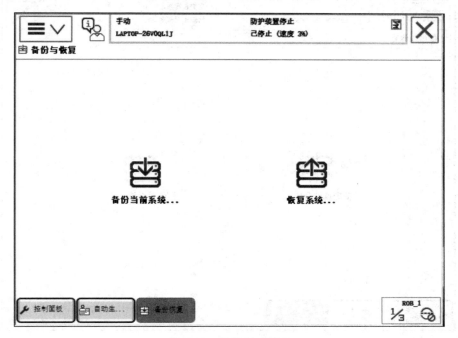

图 6-18　备份完成界面

(2) 数据恢复。

数据恢复的操作步骤如下：

① 单击示教器界面左上角的主菜单按钮，选择"备份与恢复"，如图 6-19 所示。

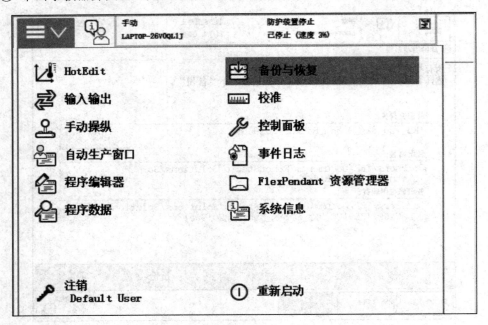

图 6-19　"备份与恢复"选择界面

② 单击"恢复系统…"按钮，如图 6-20 所示。

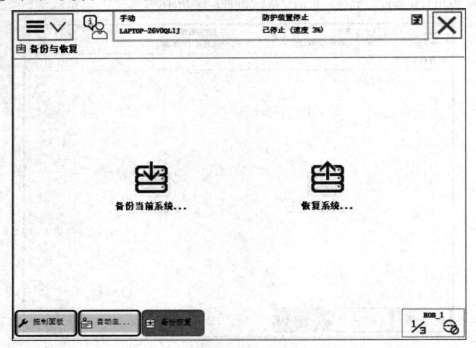

图 6-20　图 6-19　"备份与恢复"界面

③ 单击"…"选择备份存放的目录，然后单击"恢复"完成系统的恢复，如图 6-21 所示。

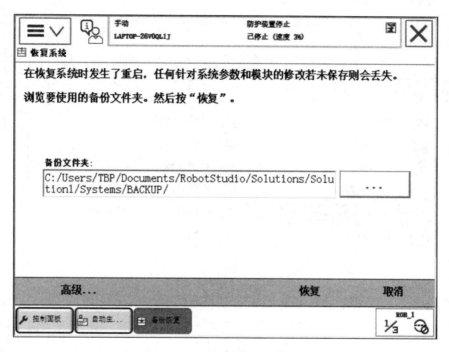

图 6-21　恢复文件夹选择界面

④ 弹出提示界面，单击"是"，系统会恢复到系统备份时的状态，如图 6-22 所示。

图 6-22　恢复完成界面

⑤ 系统正在恢复，恢复完成后会重新启动控制器。

5. 程序模块的导入

程序模块的导入主要是用于将离线编程或文字编程生成的代码，用 U 盘导入到机器人中。主要操作步骤如下：

(1) 单击示教器界面左上角的主菜单按钮，选择"程序编辑器"，如图 6-23 所示。

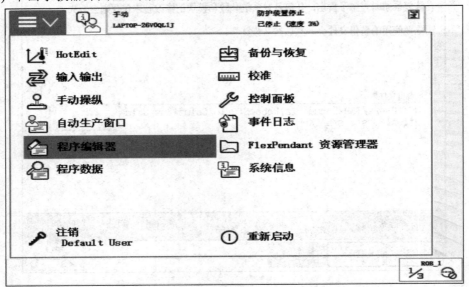

图 6-23　"程序编辑器"选择界面

(2) 单击"取消"，界面会显示出系统模块，如图 6-24 所示。

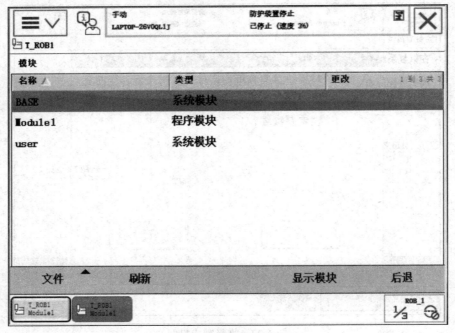

图 6-24　模块选择界面

(3) 插入 U 盘，然后单击下方的"文件"，选择"加载模块…"，如图 6-25 所示。

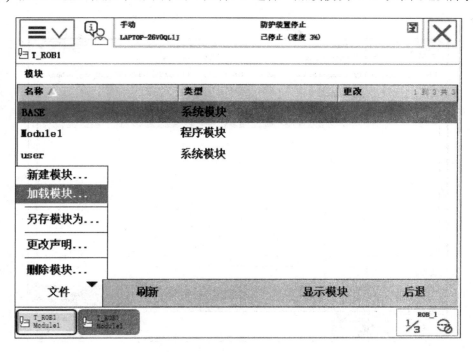

图 6-25 模块加载界面

(4) 弹出提示对话框，单击"是"继续操作，如图 6-26 所示。

图 6-26 加载确认界面

(5) 界面出现所在系统所有的硬盘驱动器，如图 6-27 所示，选择 U 盘所属的硬盘，单击进入。

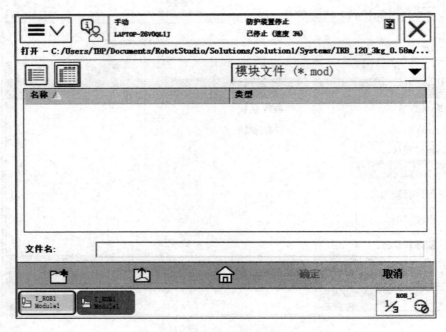

图 6-27　硬盘驱动器选择界面

(6) 在 U 盘中找到需要导入的程序文件，然后选中，单击"确定"，导入成功。这时程序模块被导入到机器人中，如图 6-28 所示。

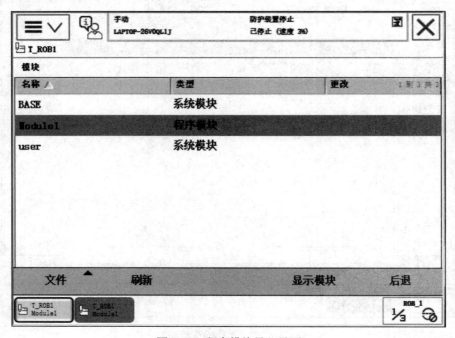

图 6-28　程序模块导入界面

(7) 单击"显示模块"，可以查看导入的程序文件，如图 6-29 所示。

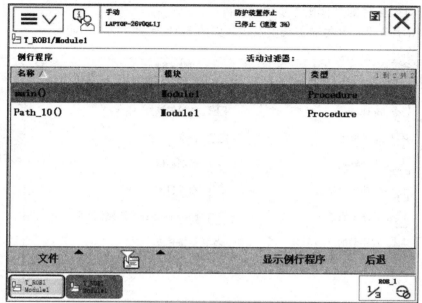

图 6-29　程序文件显示界面

6.2.2　工具坐标系的设置

工具数据 tooldata 用于描述安装在机器人第 6 轴上的工具坐标 TCP、质心、重心等参数数据。工具数据 tooldata 会影响机器人的控制算法(例如计算加速度)、速度和加速度的监控、力矩监控、碰撞监控、能量监控等，因此机器人的工具数据正确设置过程是非常重要的环节。

一般不同的机器人应用配置不同的工具，比如说搬运机器人使用夹钳作为工具，弧焊的机器人使用弧焊枪作为工具，如图 6-30 所示。

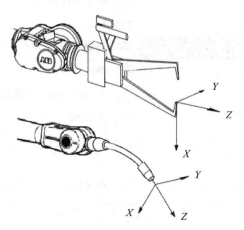

图 6-30　不同工具配备

1. 新建工具坐标系

新建工具坐标系的具体操作步骤如下：

(1) 单击示教器左上角的主菜单按钮，如图 6-31 所示。

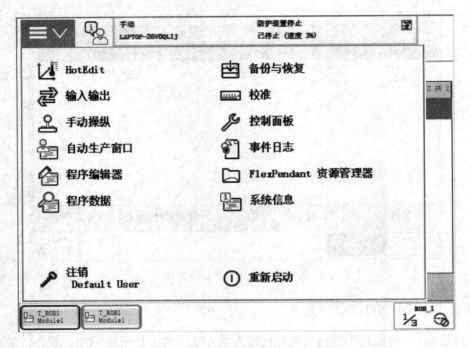

图 6-31　主菜单中文界面

(2) 选择"手动操纵"，如图 6-32 所示。

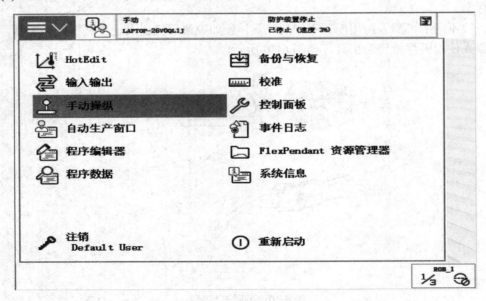

图 6-32　"手动操纵"选择界面

(3) 选择"工具坐标"，如图 6-33 所示。

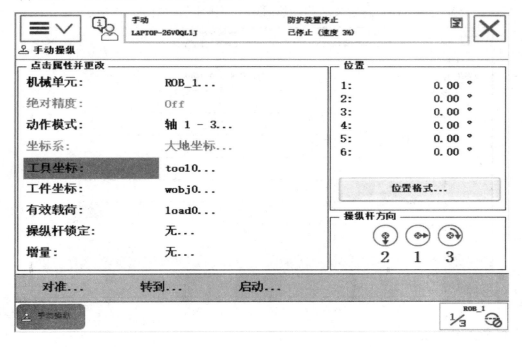

图 6-33　"工具坐标"选择界面

(4) 单击"新建…"，新建工具坐标系，如图 6-34 所示。

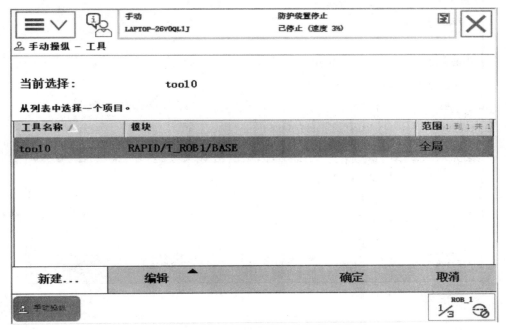

图 6-34　新建工具坐标系界面

(5) 弹出"新数据声明"界面，对工具数据属性进行设定后，如更改名称，单击后面的"…"，会弹出键盘，可自定义名称，然后单击"确定"，如图 6-35 所示。

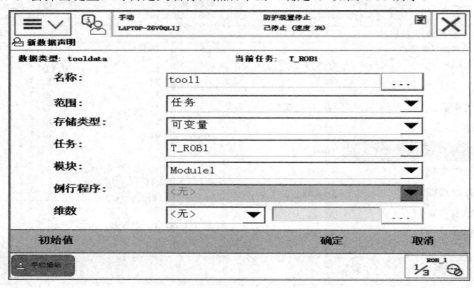

图 6-35　"新数据声明"界面

2. TCP 点定义

TCP 点定义的具体操作步骤如下：

(1) 单击新建的"tool1"→"编辑"→"定义…"，进入下一步，如图 6-36 所示。

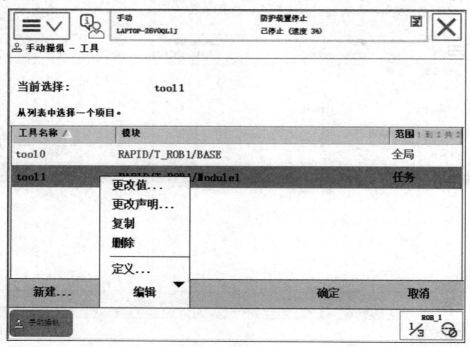

图 6-36　新建工具界面

(2) 在定义方法中选择"TCP 和 Z，X"，采用 6 点法设定 TCP，其中"TCP(默认方向)"为 4 点法设定 TCP，"TCP 和 Z"为 5 点法设定 TCP，如图 6-37 所示。

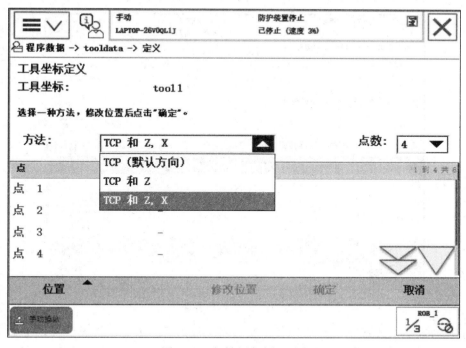

图 6-37　定义方法选择界面

(3) 按下示教器使能器，操控机器人以任意姿态使工具参考点靠近并接触上轨迹路线模块的 TCP 参考点，然后把当前位置作为第 1 点，如图 6-38 所示。

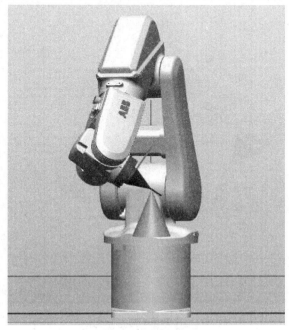

图 6-38　第 1 点实操界面

(4) 示教器操作界面，单击"点 1"，然后单击"修改位置"保存当前位置，如图 6-39 所示，显示状态为"已修改"。

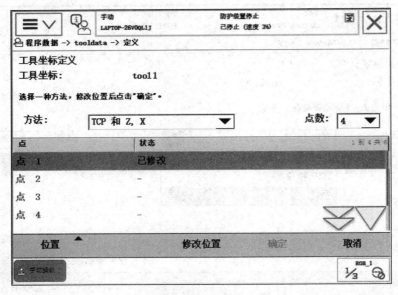

图 6-39　位置修改界面(1)

(5) 操控机器人变换另一个姿态使工具参考点靠近并接触上轨迹路线模块上的 TCP 参考点，把当前位置作为第 2 点(注意：机器人姿态变化越大，则越有利于 TCP 点的标定)，如图 6-40 所示。

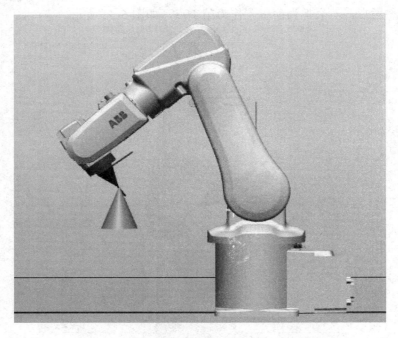

图 6-40　第 2 点实操界面

(6) 在示教器界面单击"点 2",然后单击"修改位置"保存当前位置,如图 6-41 所示,显示状态为"已修改"。

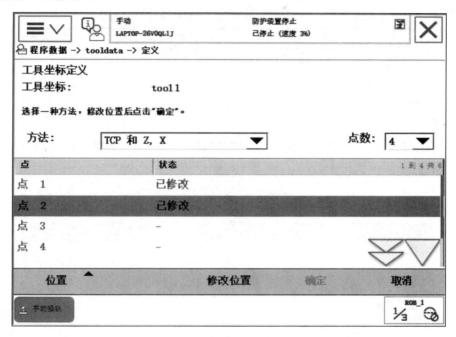

图 6-41 位置修改界面(2)

(7) "点 3"位置修改同以上步骤。

(8) 操控机器人使工具的参考点接触上并垂直于固定参考点,如图 6-42 所示,把当前位置作为第 4 点。

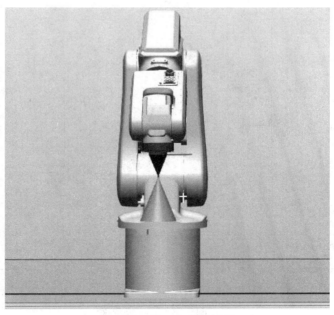

图 6-42 第 4 点实操界面

(9) 示教器操作界面单击"点 4"然后单击"修改位置"保存当前置(注意：前 3 个点姿态为任取，第 4 点最好为垂直姿态，方便第 5 点和第 6 点的获取，在线性运动模式下将机器人工具参考点接触固定参考点)，如图 6-43 所示，显示状态为"已修改"。

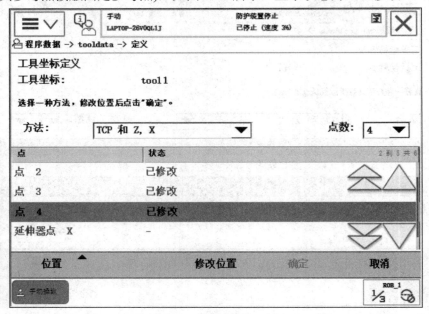

图 6-43　位置修改界面(3)

(10) 以点 4 为固定点，在线性模式下，操控机器人运动向前移动一定距离，作为+X方向，如图 6-44 所示。

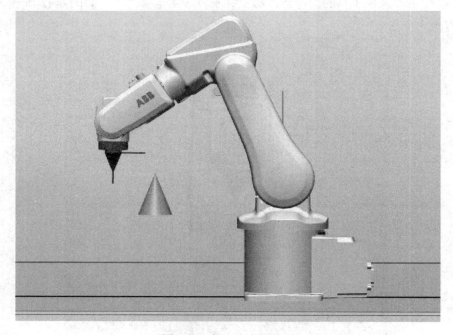

图 6-44　第 5 点实操界面

(11) 单击"延伸器点 X",然后单击"修改位置"保存当前位置,如图 6-45 所示(使用 4 点法、5 点法设定 TCP 时不用设定此点)。

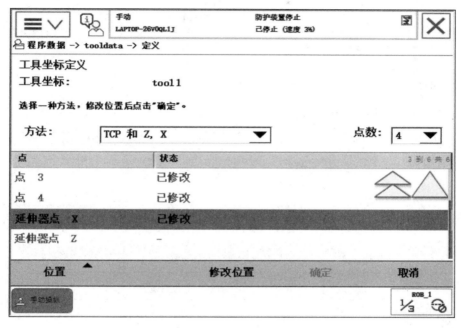

图 6-45　位置修改界面(4)

(12) 以点 4 为固定点,在线性模式下,操控机器人运动向上移动一定距离,作为+Z 方向,如图 6-46 所示。

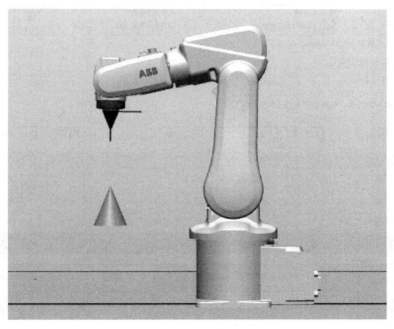

图 6-46　第 6 点实操界面

(13) 单击"延伸器点 Z", 然后单击"修改位置"保存当前位置, 如图 6-47 所示(使用 4 点法、5 点法设定 TCP 时不用设定此点)。

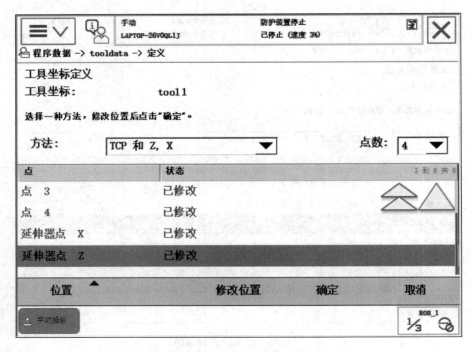

图 6-47　位置修改界面(5)

(14) 单击"确定"完成 TCP 点定义, 如图 6-48 所示。

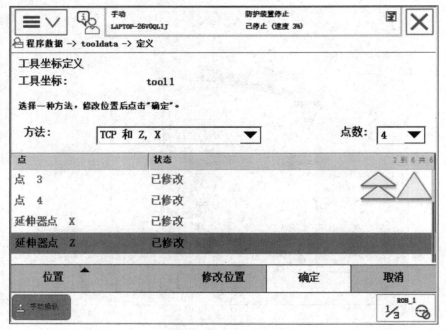

图 6-48　TCP 定义完成界面

（15）机器人自动计算 TCP 的标定误差，当平均误差在 0.5 mm 以内时才可单击"确定"进入下一步，否则需要重新标定 TCP。

（16）单击"tool1"→"编辑"→"更改值…"进入下一步，如图 6-49 所示。

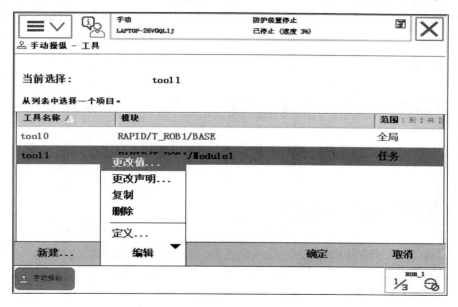

图 6-49　工具更改值界面

（17）向下翻页找到名称 mass，其含义为对应工具的质量，单位为 kg。此时，单击 mass，在弹出的键盘中输入"0.5"，单击"确定"，如图 6-50 所示。

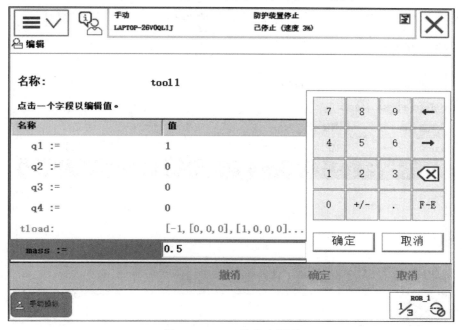

图 6-50　mass 值修改界面

(18) x、y、z 数值是工具重心基于 tool1 的偏移量，单位为 mm。此时，将 z 的值更改为"38"，然后单击"确定"，返回到工具坐标系界面，如图 6-51 所示。

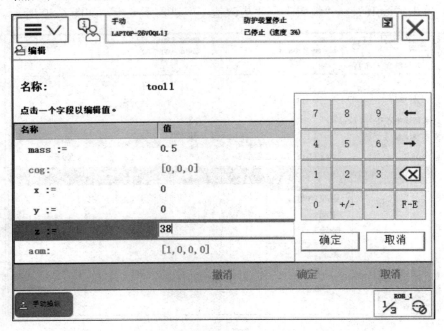

图 6-51　z 数值修改界面

(19) 再单击"确定"，至此，就完成了 TCP 标定，并返回手动操纵界面，如图 6-52 所示。

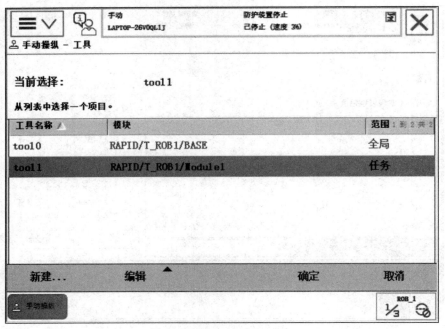

图 6-52　TCP 标定完成界面

6.2.3　工件坐标系的设置

工件坐标系是用来描述工件位置的坐标系。工件坐标系由两个框架构成：用户框架和对象框架。工件坐标系对应工件，它定义工件相对于大地坐标的位置。机器人可以有若干工件坐标系，或者表示不同工件，或者表示同工件在不同位置的若干副本，如图 6-53 所示。

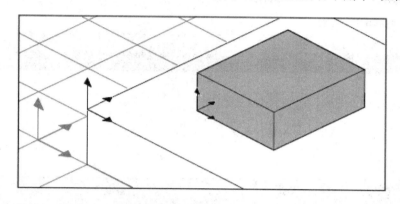

图 6-53　工件坐标系

对机器人进行编程时就是在工件坐标系中创建目标和路径，这可以带来很多优点。

(1) 重新定位工作站中的工件时，只需更改工件坐标系的位置，所有路径将即刻随之更新。

(2) 允许操作以外部轴或传送导轨移动的工件，因为整个工件可连同其路径一起移动。

1. 新建工件坐标系

新建工件坐标系的具体操作步骤如下。

(1) 在手动操作界面中，选择"工件坐标"，如图 6-54 所示。

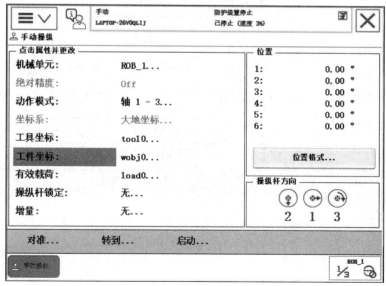

图 6-54　工件坐标系界面

(2) 单击"新建…",如图 6-55 所示。

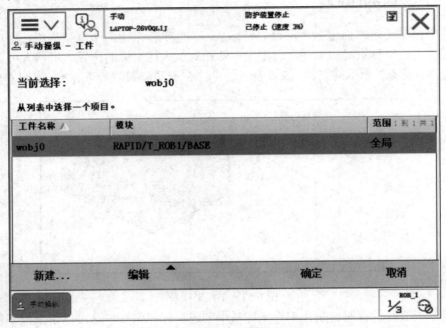

图 6-55 新建工件坐标系界面

(3) 对工件数据属性进行设定后,单击"确定",如图 6-56 所示。

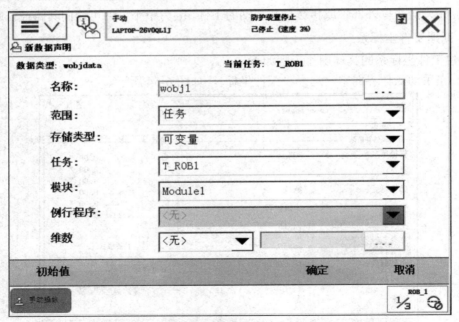

图 6-56 数据声明界面

2. 定义工件坐标系

定义工件坐标系的具体步骤如下:

(1) 打开编辑菜单，选择"定义…"，如图 6-57 所示。

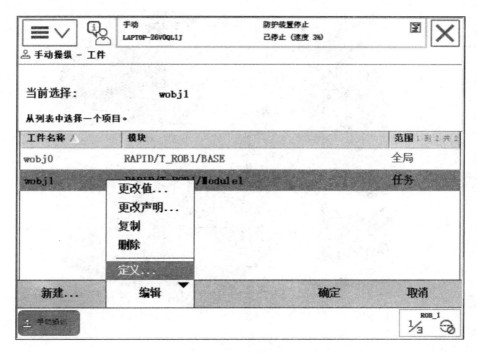

图 6-57　定义工件坐标界面

(2) 显示工件坐标定义界面，将"用户方法"设定为"3 点"，如图 6-58 所示。

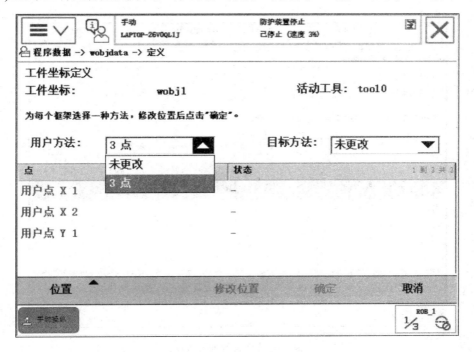

图 6-58　定义方法选择界面

(3) 手动操作机器人的工具参考点靠近定义工件坐标的 X1 点，如图 6-59 所示。

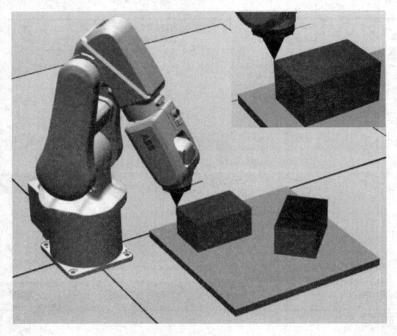

图 6-59　X1 点操作界面

(4) 选中界面中"用户点 X1"，单击"修改位置"，状态显示"已修改"即可，如图 6-60 所示。

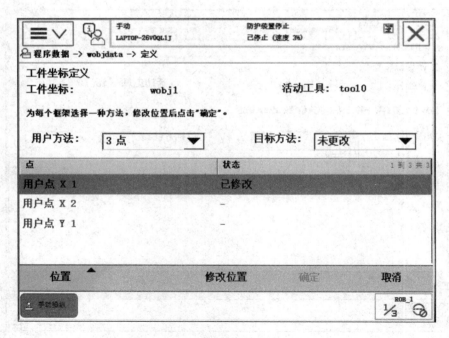

图 6-60　位置修改界面(6)

(5) 参照以上步骤，手动操作机器人的工具参考点靠近定义工件坐标的 X2 点，然后在示教器中完成位置修改，如图 6-61 所示。

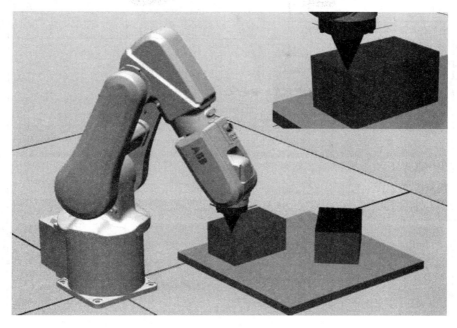

图 6-61　X2 点操作界面

(6) 参照以上步骤，手动操作机器人的工具参考点靠近定义工件坐标的 Y1 点，然后在示教器中完成位置修改，如图 6-62 所示。

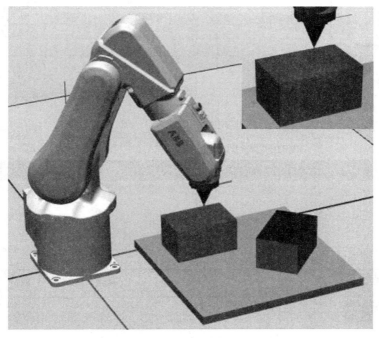

图 6-62　Y1 点操作界面

(7) 三点位置修改完成，在窗口中单击"确定"，如图 6-63 所示。

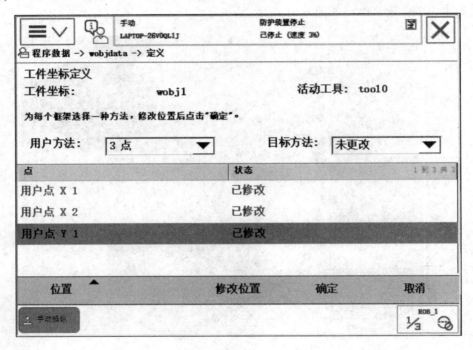

图 6-63　位置修改界面(7)

(8) 对自动生成的工件坐标数据进行确认后，单击"确定"，然后在工件坐标系界面中选中"wobj1"，再单击"确定"，这样就完成了工件坐标系的标定，如图 6-64 所示。

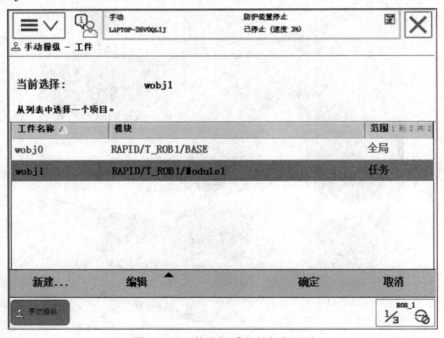

图 6-64　工件坐标系定义完成界面

6.2.4　ABB 机器人 I/O 通信

ABB 常用的标准 I/O 板有 DSQC651、DSQC652、DSQC653、DSQC355A、DSQC377A 五种，除分配地址不同外，其配置方法基本相同。ABB 标准 I/O 板 DSQC651 是最为常用的模块，下面以 DSQC651 板的配置为例来介绍 DeviceNet 现场总线连接、数字输入信号 DI、数字输出信号 DO 和模拟量输出信号 AO 的配置。

1. 定义 DSQC651 板的总线连接

ABB 标准 I/O 板都是下挂在 DeviceNet 现场总线下的设备，通过 X5 端口与 DeviceNet 现场总线进行通信。定义 DSQC651 板总线连接的相关参数说明如表 6-4 所示。

表 6-4　DSQC651 板总线连接的相关参数

参数名称	设定值	说　明
Name	Board10	设定 I/O 板在系统中的名字
Type of Unit	D651	设定 I/O 板的类型
Connected to Bus	DeviceNet1	设定 I/O 板连接的总线
DeviceNet Address	10	设定 I/O 板在总线中的地址

其总线连接操作步骤如下：

(1) 进入 ABB 主菜单，在示教器操作界面中选择"控制面板"，如图 6-65 所示。

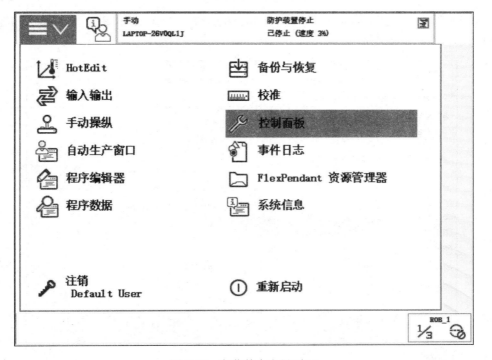

图 6-65　主菜单中文界面(1)

(2) 单击"配置",如图 6-66 所示。

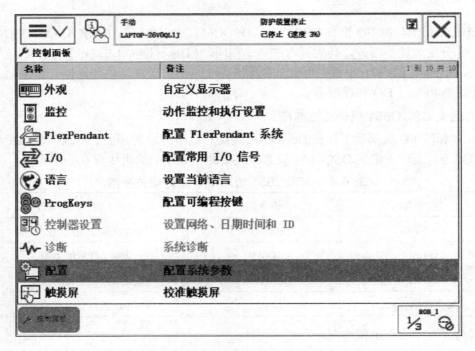

图 6-66　控制面板界面(1)

(3) 进入配置系统参数界面后,双击"EtherNet/IP　Device",进行 I/O 模块的选择及其地址设定,如图 6-67 所示。

图 6-67　I/O 模块地址设定界面

(4) 单击"添加",新增模块,然后进行编辑,如图 6-68 所示。

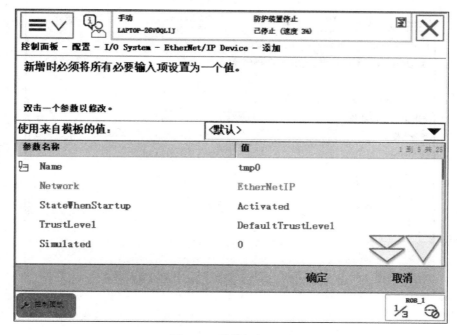

图 6-68 模块添加界面

(5) 在进行添加时可以选择模板中的值,单击右上方"<默认>"下拉箭头图标,即可选择使用的 I/O 板类型,如图 6-69 所示。

图 6-69 I/O 板类型选择界面

（6）在模板中选择一个 I/O 板，其参数值会自动生成默认值，如图 6-70 所示。

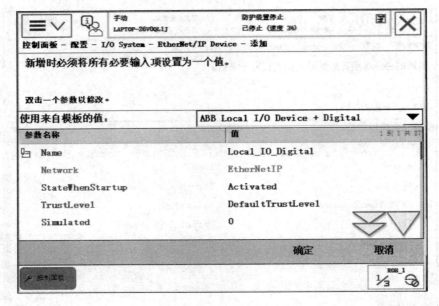

图 6-70　I/O 板默认值界面

（7）点击界面黄色向下箭头，下翻界面，找到"Address"这一项，双击"Address"选项，将其值改为"10"（10 代表此模块在总线中的地址，为出厂默认值），如图 6-71 所示。

图 6-71　总线地址设置界面

2. 定义数字输入信号 di1

数字输入信号 di1 的相关参数如表 6-5 所示。

表 6-5　数字输入信号 di1 的相关参数

参数名称	设定值	说　明
Name	Board10	设定数字输入信号的名字
Type of Signal	Digital Input	设定信号的类型
Assigned to Unit	Board10	设定信号所在的 I/O 模块
Unit Map	0	设定信号所占用的地址

定义数字输入信号 di1 的操作步骤如下：

(1) 单击"控制面板"，进入到控制面板界面，如图 6-72 所示。

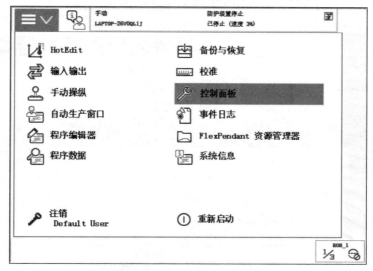

图 6-72　主菜单中文界面(2)

(2) 选择"配置"，如图 6-73 所示。

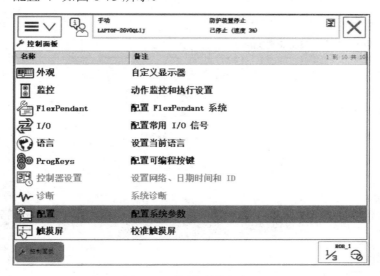

图 6-73　控制面板界面(2)

(3) 双击"Signal"项，如图 6-74 所示。

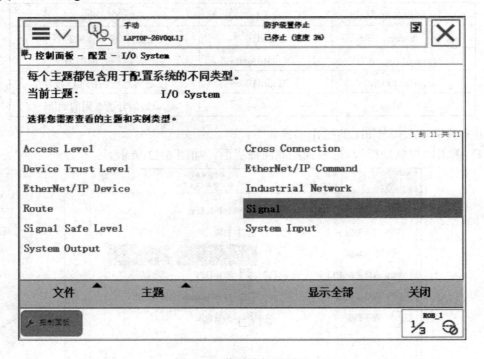

图 6-74　信号选择界面(1)

(4) 单击"添加"，如图 6-75 所示。

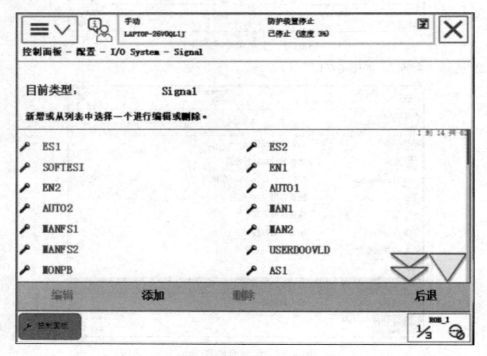

图 6-75　信号添加界面(1)

（5）要对新添加的信号进行参数配置，双击参数进行修改，即双击"Name"，如图 6-76 所示。

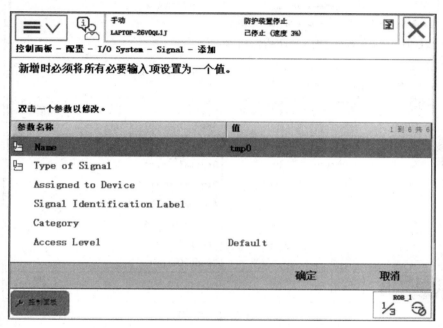

图 6-76 信号配置界面(1)

（6）输入"di1"，然后单击"确定"，如图 6-77 所示。

图 6-77 信号命名界面(1)

(7) 双击"Type of Signal"，然后选择 Signal Input 类型，如图 6-78 所示。

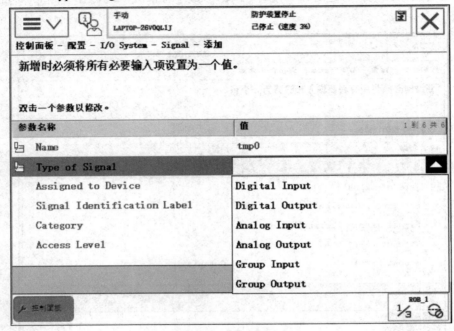

图 6-78　信号类型界面(1)

(8) 双击"Assigned to Device"，然后选择"d651"，如图 6-79 所示。

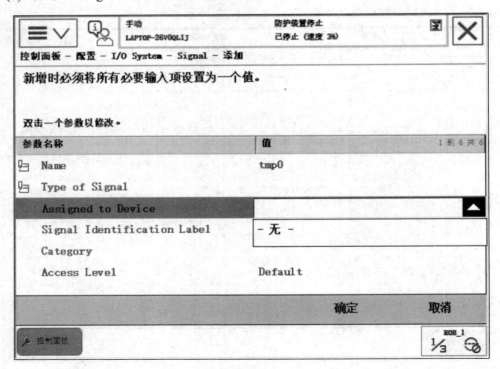

图 6-79　设备配置界面(1)

(9) 双击"Device Mapping"，在弹出窗口中单击"是"，重启控制系统完成设置。

3. 定义模拟输出信号 ao1

模拟输出信号 ao1 的相关参数如表 6-6 所示。

表 6-6　模拟输出信号 ao1 的相关参数

参数名称	设定值	说　明
Name	ao1	设定模拟输出信号的名字
Type of Signal	Analog Output	设定信号的类型
Assigned to Unit	Board10	设定信号所在的 I/O 模块
Unit Mapping	0-15	设定信号所占用的地址
Analog Encoding Type	Unsigned	设定模拟信号属性
Maximum Logical Value	10	设定最大逻辑值
Maximum Physical Value	10	设定最大物理值
Maximum Bit Value	65535	设定最大位置

定义模拟输出信号 ao1 的操作步骤如下：

(1) 单击"控制面板"，进入到控制面板界面，如图 6-80 所示。

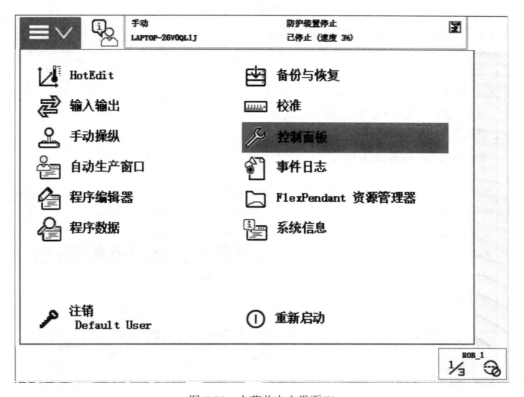

图 6-80　主菜单中文界面(3)

(2) 选择"配置",如图 6-81 所示。

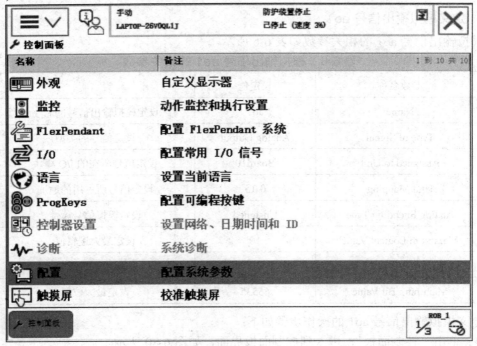

图 6-81 控制面板界面(3)

(3) 双击"Signal"项,如图 6-82 所示。

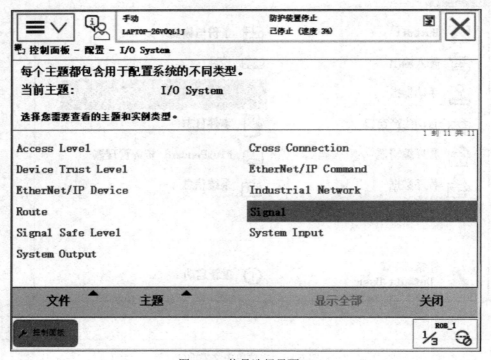

图 6-82 信号选择界面(2)

(4) 单击"添加",如图 6-83 所示。

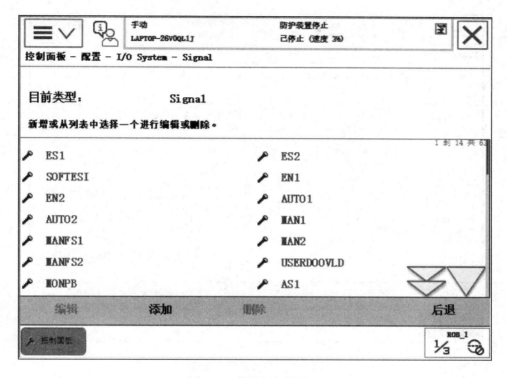

图 6-83　信号添加界面(2)

(5) 要对新添加的信号进行参数配置,双击"Name",如图 6-84 所示。

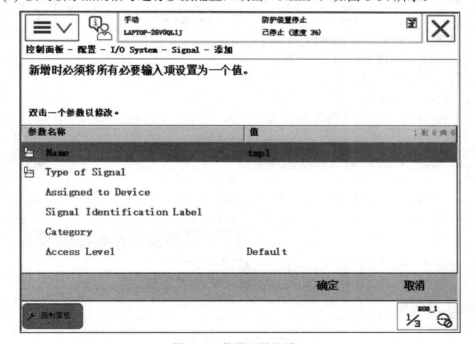

图 6-84　信号配置界面(2)

(6) 输入"ao1",然后单击"确定",如图 6-85 所示。

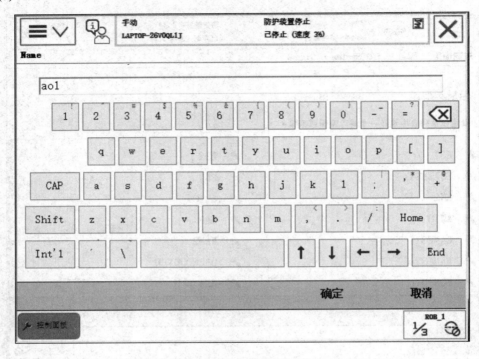

图 6-85　信号命名界面(2)

(7) 双击"Type of Signal",然后选择"Analog Output",如图 6-86 所示。

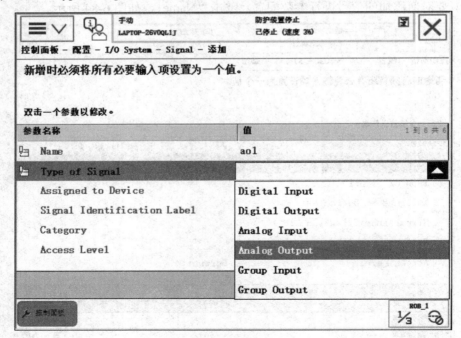

图 6-86　信号类型界面(2)

(8) 双击"Assigned to Device"，然后选择"d651"，如图 6-87 所示。

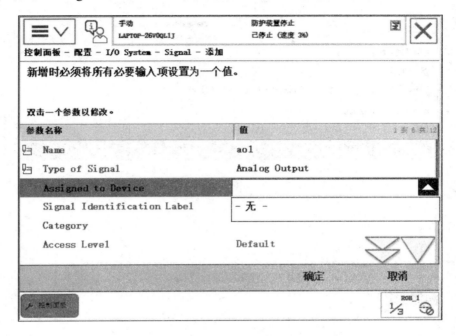

图 6-87　设备配置界面(2)

(9) 双击"Device Mapping"，输入"0-15"，单击"确定"。

(10) 下翻页面双击"Analog Encoding Type"，在选项里选择"Unsigned"，如图 6-88 所示。

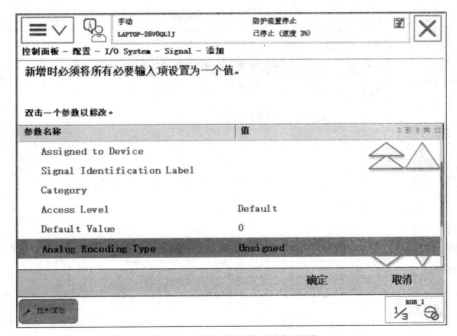

图 6-88　模拟信号类型选择界面

(11) 双击"Maximum Logical Value"，输入"10"，单击"确定"，如图 6-89 所示。

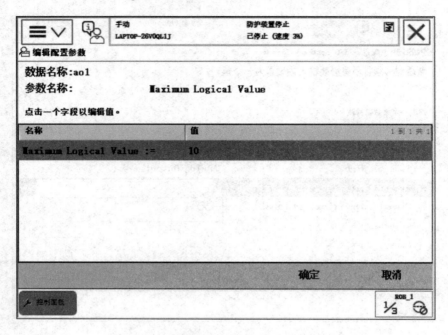

图 6-89　最大逻辑值设定界面

(12) 参照以上步骤，双击"Maximum Physical Value"，然后输入"10"，单击"确定"。

(13) 参照以上步骤，双击"Maximum Bit Value"，然后输入"65535"，单击"确定"。

(14) 在弹出窗口中单击"是"，重启控制系统完成设置，如图 6-90 所示。

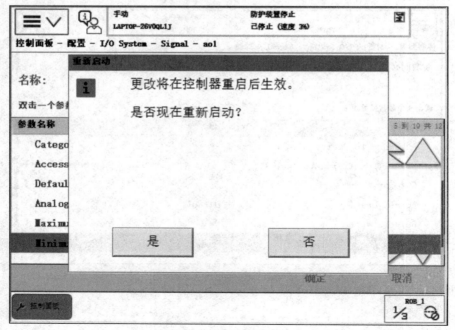

图 6-90　设置完成界面

6.3　ABB 机器人的编程语言

6.3.1　运动控制指令

1. 加速度设置(AccSet Acc，Ramp)

Acc 为机器人加速度百分率(num)；Ramp 为机器人加速度坡度值(num)。

当机器人运行速度改变时，对所产生的相应加速度进行限制，使机器人高速运行时更平缓，但会延长循环时间，系统默认值为 AccSet 100，100。

限制：机器人加速度百分率最小为 20，若小于 20 则以 20 计算；机器人加速度坡度值最小为 10，若小于 10 则以 10 计算。机器人冷启动，新程序载入与程序重置后，系统自动设置为默认值。

机器人的动作如图 6-91 所示。

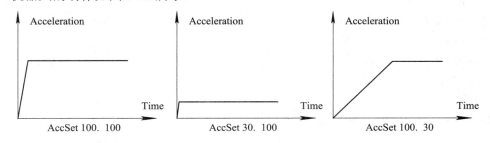

(a) 百分率 100，坡度值 100　　(b) 百分率 30，坡度值 100　　(c) 百分率 100，坡度值 30

图 6-91　机器人动作

2. 速度设置(VelSet)

机器人冷启动，新程序载入与程序重置后，系统自动设置为默认值。当机器人运动使用参变量[\T]时，最大运行速度将不起作用。

Override 对速度数据(Speeddata)内所有项都起作用，例如 TCP、方位及外轴，但对焊接参数 welddata 与 Seamdata 内机器人运行速度不起作用。Max 只对速度数据(Speeddata)内 TCP 这项起作用。

程序示例如下：

```
VelSet 50, 800;
    MoveL p1, v1000, z10, tool1;                    ----500mm/s
    MoveL p2, v1000\V := 2000, z10, tool1;          ----800mm/s
    MoveL p2, v1000\T := 5, z10, tool1;             ----10 s
Velset 80, 1000
    MoveL p1, v1000, z10, tool1;                    ----800mm/s
    MoveL p2, v5000, z10, tool1;                    ----1000mm/s
    MoveL p3, v1000\V := 2000, z10, tool1;          ----1000mm/s
```

　　　　MoveL p3, v1000\T := 5, z10, tool1;   ----6.25 s

6.3.2　运动指令

1. 关节运动指令(MoveJ)

　　机器人以最快捷的方式运动至目标点，其运动状态不完全可控，但运动路径保持唯一，常用于机器人在空间大范围移动。

　　格式：

　　　　MoveJ [\Conc,] ToPoint, Speed[\V]| [\T], Zone [\Z] [\Inpos], Tool[\Wobj];

其中，[\Conc]：协作运动开关；

　　　　ToPoint：目标点，默认为*；

　　　　Speed：运行速度数据；

　　　　[\V]：特殊运行速度，mm/s；

　　　　[\T]：运行时间控制，s；

　　　　Zone：运行转角数据；

　　　　[\Z]：特殊运行转角，mm；

　　　　[\Inpos]：运行停止点数据。

　　　　Tool：工具中心点(TCP)；

　　　　[\Wobj]：工件坐标系。

案例如下：

(1) 机器人的动作如图 6-92 所示。

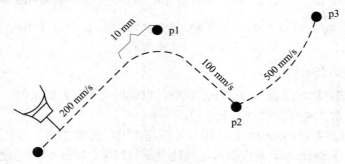

图 6-92　关节插补运动路径

(2) 程序示例如下：

　　　　MoveL p1, v200, z10, tool1

　　　　MoveL p2, v100, fine, tool1

　　　　MoveJ p3, v500, fine, tool1

2. 直线运动指令(MoveL)

　　机器人以线性方式运动至目标点，当前点与目标点两点决定一条直线，机器人运动状态可控，运动路径保持唯一，可能会出现死点，常用于机器人在工作状态移动。

　　格式：

　　　　MoveL [\Conc,] ToPoint, Speed[\V]| [\T], Zone [\Z] [\Inpos], Tool[\Wobj] [\Corr];

其中，[\Conc]：协作运动开关；

ToPoint：目标点，默认为*；

Speed：运行速度数据；

[\V]：特殊运行速度，mm/s；

[\T]：运行时间控制，s；

Zone：运行转角数据；

[\Z]：特殊运行转角，mm；

[\Inpos]：运行停止点数据；

Tool：工具中心点(TCP)；

[\Wobj]：工件坐标系；

[\Corr]：修正目标点开关。

案例如下：

(1) 机器人的动作如图6-93所示。

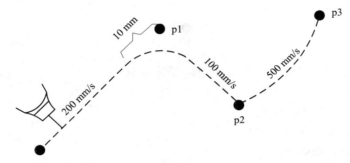

图6-93　直线插补运动指令

(2) 程序示例如下：

MoveL p1, v200, z10, tool1

MoveL p2, v100, fine, tool1

MoveJ p3, v500, fine, tool1

3. 圆弧运动指令(MoveC)

机器人通过中心点以圆弧移动方式运动至目标点，当前点、中间点与目标点三点决定一断圆弧，机器人运动状态可控，运动路径保持唯一，常用于机器人在工作状态移动。

格式：

MoveC [\Conc,] CirPoint, ToPoint, Speed[\V] [\T], Zone [\Z] [\Inpos], Tool, [\Wobj][\Corr];

其中，[\Conc]：协作运动开关；

CirPoint：中间点，默认为*；

ToPoint：目标点，默认为*；

Speed：运行速度数据；

[\V]：特殊运行速度，mm/s；

[\T]：运行时间控制，s；

Zone：运行转角数据；

[\Z]：特殊运行转角，mm；

[\Inpos]：运行停止点数据；

Tool：工具中心点(TCP)；

[\Wobj]：工件坐标系；

[\Corr]：修正目标点开关。

案例如下：

(1) 机器人的动作如图 6-94 所示。

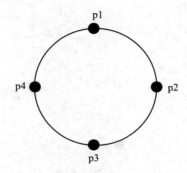

图 6-94　圆弧插补运动指令

(2) 程序示例如下：

  PMoveL p1, v500, fine, tool1

  MoveC p2, p3, v500, z20, tool1

  MoveC p4, p1, v500, fine, tool1

4. 单轴运动指令(MoveAbsJ)

机器人以单轴运行的方式运动至目标点，绝对不存在死点，运动状态完全不可控，避免在正常生产中使用此指令，常用于检查机器人零点位置，指令中 TCP 与 Wobj 只与运行速度有关，与运动位置无关。

格式：

  MoveAbsJ [\Conc,] ToJointPos [\NoEoffs], Speed [\V][\T], Zone [\Z][\Inpos], Tool [\Wobj];

其中，Zone：运行转角数据；

[\Z]：特殊运行转角，mm；

[\Inpos]：运行停止点数据；

Tool：工具中心点(TCP)；

[\Wobj]：工件坐标系。

程序示例如下：

  MoveAbsJ p1, v2000, fine ,grip1;

  MoveAbsJ\Conc, p1\NoEoffs, v2000, fine, grip1;

  MoveAbsJ p1, v2000\v :=2200, z40\z:=45, grip1;

  MoveAbsJ p1, v2000, z40, grip1 \Wobj := Wobj1;

  MoveAbsJ p1, v2000, fine\Inpos := inpos50, gripl;

6.3.3　流程指令

1. 判断指令(IF)

当前指令通过判断相应条件来控制需要执行的相应指令，是机器人程序流程的基本指令。

格式：

IF Condition THEN...

{ELSEIF Condition THEN..}

[ELSE...]

ENDIF

其中，Condition：判断条件。

程序示例如下：

IF reg1 > 5 THEN	IF reg2 = 1 THEN
set do1;	routine1;
set do2;	ELSEIF reg2 = 2 THEN
ENDIF	routine2;
IF reg1 > 5 THEN	ELSEIF reg2 = 3 THEN
set do1;	routine3;
set do2;	ELSEIF reg2 = 4 THEN
ELSE	routine4;
Reset do1;	ELSE
Reset do2;	Error;
ENDIF	ENDIF

2. 循环指令(WHILE)

当前指令通过判断相应条件，如果符合判断条件则执行循环内指令，直至判断条件不满足才跳出循环，继续执行循环以后指令。需要注意，当前指令存在死循环。

格式：

WHILE Condition DO

 ⋮

ENDWHILE

其中，Condition：判断条件。

程序示例如下：

WHILE reg1<reg2 DO

 ⋮

 reg1 := reg1+1;

ENDWHILE

PROC main()

 rlnitial;

```
WHIL E TRUE DO
    ⋮
    ENDWHILE
ENDPROC
```

3. 等待指令(WaitTime)

当前指令只用于机器人等待相应时间后才执行以后指令，使用参变量[\Inpos]，机器人及其外轴必须在完全停止的情况下，才进行等待时间计时。此指令会延长循环时间。

格式：

```
WaitTime [\Inpos], Time;
```

其中，[\Inpos]：程序提前量开关；

　　　Time：相应等待时间 s。

程序示例如下：

```
WaitTime 3;
WaitTime[\Inpos], 0.5;
WaitTime[\Inpos], 0;
```

6.3.4　输入/输出指令

1. 输入指令(AliasIO)

当前指令通过判断相应条件来控制需要执行的相应指令，是机器人程序流程的基本指令。

格式：

```
AliasIO config_do，alias_do;
```

其中，config_do：在系统参数内定义；

　　　alias_do：机器人程序内定义。

程序示例如下：

```
VAR signaldo alias_do;
CONST string config_string := "config_do";
PROC prog_start()
AliasIO config_do, alias_do;
AliasIO config_string, alias_do;
ENDPROC
```

2. 输出信号反转指令(InvertDO)

将机器人输出信号值反转，0 为 1，1 为 0，在系统参数内也可定义。

格式：

```
InvertDO Singnal;
```

其中，Singnal：输出信号名称。

程序示例如下：

```
InvertDO do15;
```

3. 数字脉冲输出指令(PluseDO)

机器人输出数字脉冲信号，一般作为运输链完成信号或计数信号。

格式：

  PluseDO [\High][\Plength] Signal;

其中，[\High]：输出脉冲时，输出信号可以处在高电平；

  [\Plength]：脉冲长度，0.1～32 s，默认值为 0.2 s；

  Signal：输出信号名称。

程序示例如下：

  WHILE　TRUE　DO

    PulseDO　do5;

  ENDWHILE

4. 设置指令(Set)

将机器人相应数字输出信号值置为 1，与指令 Reset 相对应，是自动化重要组成部分。

格式：

  Set Signal;

其中，Signal：机器人输出信号名称。

程序示例如下：

  Set do12;

5. 等待指令(WaitDI)

等待数字输入信号满足相应值，以达到通信目的，是自动化生产的重要组成部分。例如：机器人等待工件到位信号。

格式：

  WaitDI Signal, Value [[\MaxTime][\TimeFlag];

其中，Signal：输出信号名称；

  Value：输出信号值；

  [\MaxTime]：最长等待时间；

  [\TimeFlag]：超出逻辑量。

程序示例如下：

  ROC PickPart()

    MoveJ pPrepick, vFastEmpty, zibg, tooi1;

    WaitDI di_Ready, 1\WMaxTime := 5　　　　　　　　等待相应输入信号 5 秒

     ⋮

    IF ERRNO = ERR_WAT_MAXTIME THEN

     TPWite "……"

     RETRY;

    ELSE

     RAISE;

    ENDIF

ENDPROC

6.3.5 运行停止指令

1. 立即停止指令(Break)

机器人在当前指令行立刻停止运行，程序运行指针停留在下一行指令，可以用 Start 键继续运行机器人。

格式：

Break;

程序示例如下：

MoveL p2, v100, z30, too10;

Break;

MoveL p3. v100, fine, too10;

2. 停止重置指令(Exit)

机器人在当前指令行停止运行，并且程序重置，程序运行指针停留在主程序第一行。

格式：

Exit;

程序示例如下：

…

Exit

…

3. 暂停指令(Stop)

机器人在当前指令行停止运行，程序运行指针停留在下一行指令，可以用 Start 键继续运行机器人，属于临时性停止。如果机器人停止期间被手动移动后，然后直接启动机器人，则机器人将警告确认路径；如果此时采用参变量[\NoRegain]，机器人将直接运行。

格式：

Stop [\NoRegain];

其中，[\NoRegain]：路径恢复参数。

案例如下：

(1) 机器人的动作如图 6-95 所示。

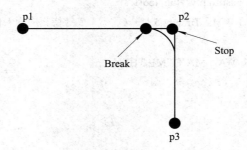

图 6-95　暂停指令运动路径

(2) 程序示例如下：

 MoveL p2,v100, z30, too10;

 Stop;

 MoveL p3 ,v100, fine, too10;

4. 退出循环指令(ExitCycle)

机器人在当前指令行停止运行，并且设定当前循环结束，机器人自动从主程序第一行继续运行下一个循环。

格式：

 ExitCycle;

程序示例如下：

```
PROC main()
    IF cyclecount = 0 THEN
        CONNECT error_ intno WITH error_ trap;
        lSignalDI di_ error, 1, error_ intno;
    ENDIF
    Cyclecount := cyclecount+1;
    ! Start to do something intligent
    ⋮
ENDPROC
TRAP error_ trap
    TPWrite "I will start on the next item"
    ExitCycle;
ENDTRAP
```

6.4 ABB 机器人的编程练习

6.4.1 移动指令练习

在图 6-96 中，创建一个简单的程序，该程序可以让机器人在正方形中移动。

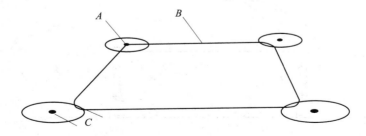

图 6-96 运动路径

要求：

(1) A 为第一个点；

(2) B 段机器人的移动速度数据 $v50 = 50$ mm/s；

(3) C 区域 $z50 = 50$ mm。

6.4.2 搬运作业

如图 6-97 所示，将工件从 $P1$ 位置搬运到 $P2$ 位置($P1$：托盘位置；$P2$：料筒位置)。在抓取和放置工件时要先运行到点位的上方，然后再运行到目标点位置以避免碰撞。

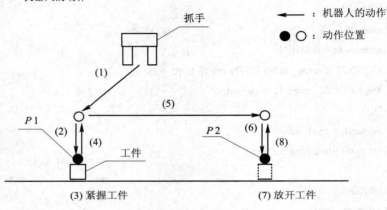

图 6-97 机器人搬运路径

6.4.3 分拣作业

如图 6-98 所示，依据工具工件颜色，工具工件颜色将工件从 $P1$ 位置搬运到 $P2$ 位置($P1$：托盘位置；$P2$：料筒位置(黑色和非黑色工件分开放到两料筒里))。在抓取和放置工件时要先运行到点位的上方，然后再运行到目标点位置以避免碰撞。

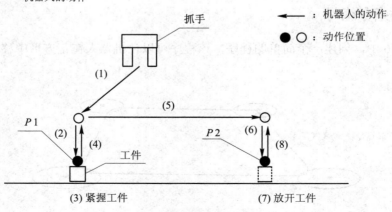

图 6-98 机器人分拣搬运路径

6.5 ABB工业机器人离线编程应用

6.5.1 RobotStudio简介

RobotStudio是一个PC应用程序,用于对机器人单元进行建模、离线编程和仿真。

RobotStudio允许使用离线控制器,即在PC上本地运行的虚拟IRC5控制器。这种离线控制器也被称为虚拟控制器(VC)。RobotStudio还允许使用真实的物理IRC5控制器(简称为"真实控制器")。当RobotStudio随真实控制器一起使用时,我们称它处于在线模式。当在未连接到真实控制器或在连接到虚拟控制器的情况下使用时,我们说RobotStudio处于离线模式。

6.5.2 创建机器人系统

如图6-99所示,在文件页面的新建选项中选择"带现有机器人控制器的工作站",右边窗口中会显示历史记录中已建立的机器人系统,可根据要创建系统的机器人的型号、系统选项从右边对话框中选择自己需要的系统模式进行创建。

图6-99 工作站的创建界面

使用模板系统创建工作站步骤如下:

在文件页面的新建选项中选择"带机器人控制器的工作站",右边窗口中会显示RS软件中自带各种型号机器人系统,选择需要的机器人型号进行系统创建。

创建不含系统的工作站的步骤如下：

(1) 在文件页面的新建选项中选择"空工作站"，点击右边窗口中创建按钮，如图6-100所示。

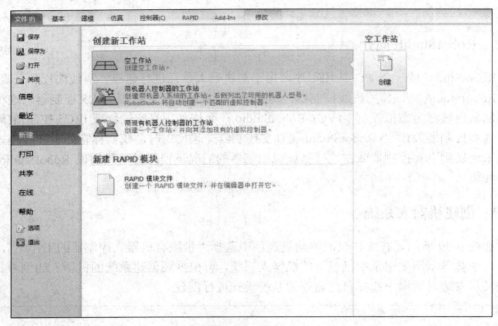

图6-100　创建空工作站界面

(2) 在"基本"页面中，点击"ABB 模型库"，在系统模型库中选择需要型号的机器人，并选择机器人的版本，如图6-101所示。

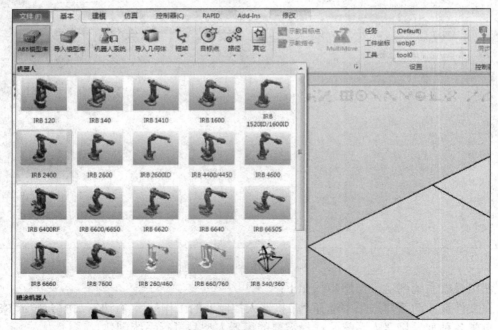

图6-101　模型选择界面

(3) 在"基本"页面中，点击"机器人系统"，如图 6-102 所示。

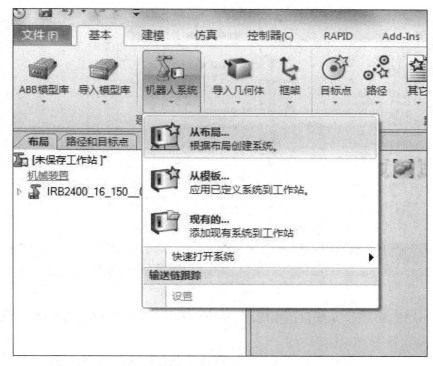

图 6-102　机器人模型导入界面

(4) 在弹出的对话框中修改系统名称和系统存放位置，如图 6-103 所示。

图 6-103　地址设置界面

(5) 点击"下一步"，进入系统选项窗口。点击窗口左上角"选项"按钮，在"更改选项"窗口中，添加需要的系统选项，如图 6-104 所示。

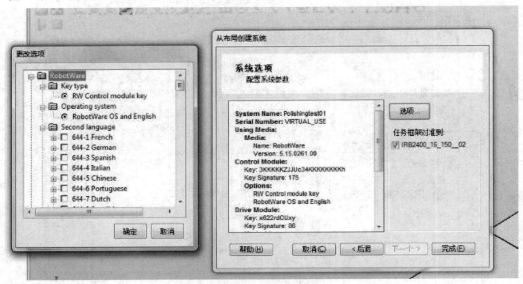

图 6-104　系统添加界面

（6）点击"完成"后，系统自动生成，可从用户界面左下角监控控制器状态，如图 6-105 所示。

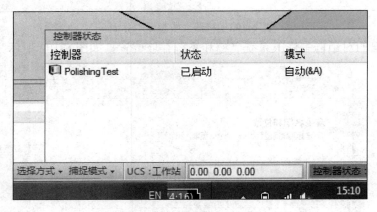

图 6-105　控制器监控界面

6.5.3　导入工作站组件

工作站组件主要包括工件模型和工具模型，创建工作站组件可采用以下两种方法。

（1）在"基本"界面中，通过"导入几何体"菜单导入由三维画图软件制作的几何体。

（2）在"建模"界面中，通过"固体"菜单创建几何体。使用创建固体命令，可以创建和构建不含 CAD 文件或程序库的对象模型，还可以创建原始固体。这些物体以后可以合并成较为复杂的物体，其中模型尺寸应尽量与实际物体相符。

本案例中以第二种方法为例，建立带延长块的锥形打磨工具模型和长方体工件模型过程。具体步骤如下：

(1) 在"建模"页面的"固体"选项中，选择"矩形体"，如图 6-106 所示。

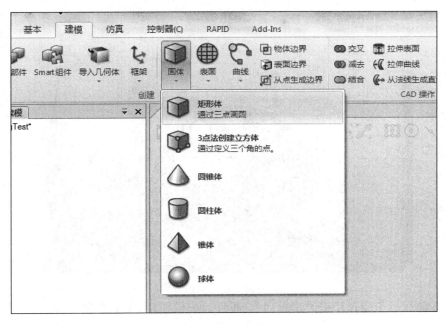

图 6-106　模型导入界面

(2) 在界面左侧"创建方体"的窗口中，输入该长方体角点(默认本地原点)在大地坐标系中的位置、放置角度(即工件的初始安装位置)，并输入工件的外形尺寸数据，点击"创建"，工件模型即创建完毕，如图 6-107 所示。

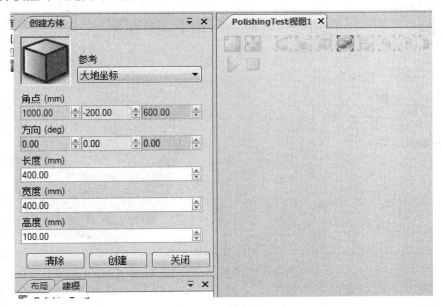

图 6-107　模型创建界面

(3) 在"建模"页面中，测量第 6 轴法兰的外径尺寸，以同样的方法建立以第 6 轴法兰外径为直径，高度为 50 mm 的圆柱体作为延长块模型，如图 6-108 所示。

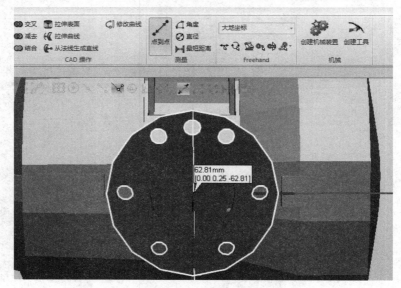

图 6-108　法兰连接界面

（4）右键点击左边窗口中"部件_1"（即延长块模型），选择"设定本地原点"，并选择捕捉表面、捕捉中心点，点一下"位置 X、Y、Z(mm)"中的任意输入框以激活鼠标，将鼠标移至工件圆形表面，此时光标会自动捕捉表面中心点，点击左键即可设定本地原点，如图 6-109 所示。

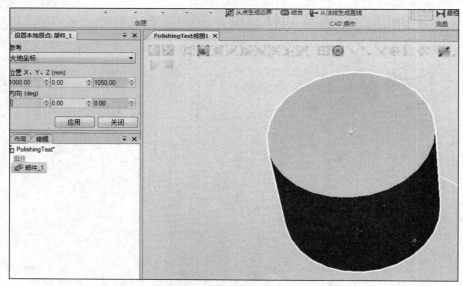

图 6-109　本地原点设定界面

（5）右键点击左边窗口中"部件_1"，选择"安装到"，并选择要安装到的目标模型，即"IRB2400_16_150__02T_ROB1"。安装完成后，右键点击"部件_1"，选择"旋转"，将左边窗口的"参考"选项选为"本地"，在窗口底部选择"Y"，角度改为 180°，点击"应用"，延长块便可以按照要求安装到机器人第 6 轴法兰上，如图 6-110 所示。

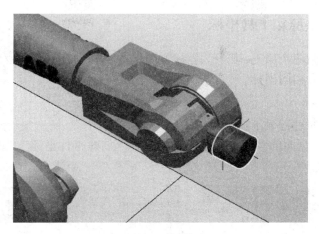

图 6-110 部件安装界面

(6) 以同样的方法，建立底面直径为 63 mm、高度为 200 mm 的椎体作为工具模型，设定底面中心为本地原点，将该工具模型安装到延长块上，如图 6-111 所示。

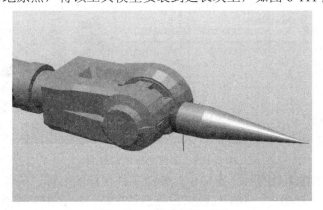

图 6-111 工具安装界面

(7) 至此，打磨工作站基本模型就建立和摆放完成了，其中包括机器人模型、工具模型、工件模型以及机器人系统，如图 6-112 所示。

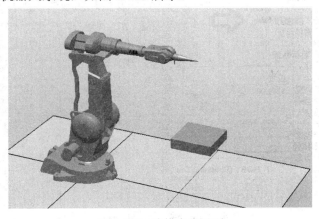

图 6-112 建模完成界面

6.5.4　创建工件坐标和工具坐标

创建坐标时遵循两个原则：第一，坐标方向保持 Z 轴垂直于表面发现方向向外；第二，方便实际工作站建立相同坐标。

1. 创建工件坐标

创建工件坐标的过程如下：

(1) 在"基础"页面的"其他"菜单中，选择"创建工件坐标"，如图 6-113 所示。

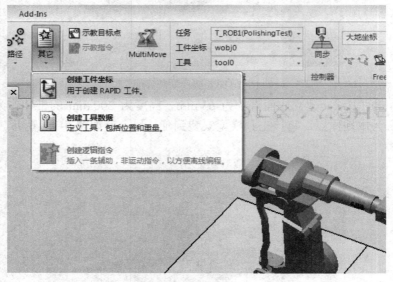

图 6-113　工件坐标创建界面

(2) 在左侧"创建工件坐标"窗口中，修改工件坐标的名称，机器人是否手握工件，在"位置 X、Y、Z"选项中，点击红色空白处激活鼠标，然后在工件上捕捉设置工件坐标的位置，如图 6-114 所示。

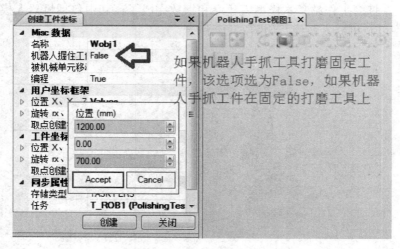

图 6-114　工件坐标捕捉界面

(3) 点击"创建",完成工件坐标的设置,如图 6-115 所示。

图 6-115 工件坐标设置完成界面

(4) 在"基本"页面左侧的"路径和目标点"窗口中,可以找到我们已经建立的工件坐标,右键点击"Wobj1"可以对该工件坐标进行重新命名、重新设定位置、旋转角度等操作,如图 6-116 所示。

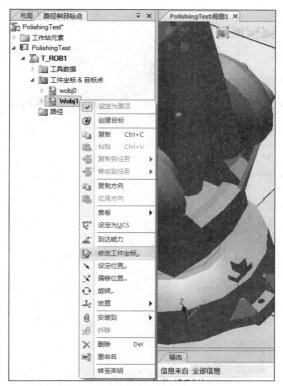

图 6-116 工件坐标参数修改界面

2. 创建工具坐标

创建工具坐标的步骤如下:

(1) 在"基本"选项卡的路径编程组中,单击"其他",然后单击"创建工具数据"。这将打开创建工具数据对话框,如图 6-117 所示。

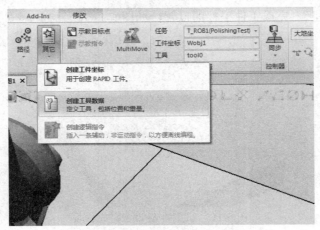

图 6-117　创建工具数据界面

(2) 在左侧"创建工具坐标"窗口中，修改工具坐标的名称，机器人是否手握工具，在"位置 X、Y、Z"选项中，点击红色空白处激活鼠标，然后在工具上捕捉设置工具坐标的位置，如图 6-118 所示。

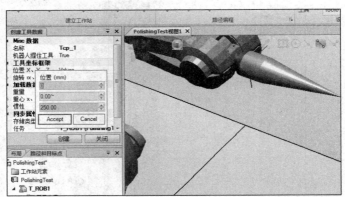

图 6-118　工具坐标设置界面

(3) 点击"创建"，完成工具坐标的设置，如图 6-119 所示。

图 6-119　工具坐标设置完成界面

(4) 在"基本"页面左侧的"路径和目标点"窗口中，可以找到我们已经建立的工具坐标，右键点击"Tcp_1"可以对该工具坐标进行重新命名、重新设定位置、旋转角度等操作，如图 6-120 所示。

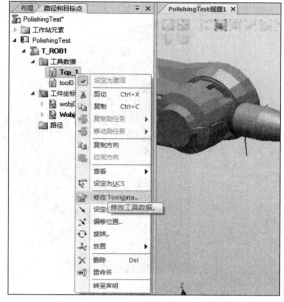

图 6-120　工具坐标参数修改界面

6.5.5　自动路径生成

自动路径可帮助生成基于 CAD 几何体的准确路径(线性和环状)。操作前提：需要拥有一个具有边、曲线或同时具备这两者的几何对象。

通过捕捉表面边缘自动生成路径步骤如下：

(1) 在"基本"页面中的"路径"菜单中，选择"自动路径"，如图 6-121 所示。

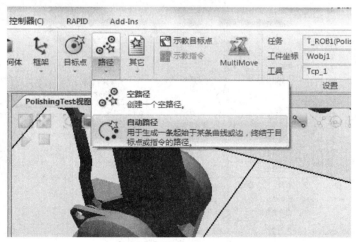

图 6-121　自动路径生成界面

(2) 选择捕捉表面、捕捉边缘，在工件表面选定需要生成轨迹的边缘，在左侧自动路径窗口中会自动生成一条路径，选择"参照面"(即目标点 Z 轴垂直的表面)，在"近似值参数"中选择"常量"，输入合适的目标点间距，如图 6-122 所示。

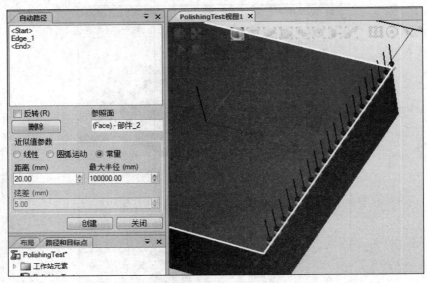

图 6-122　路径生成界面

(3) 点击"创建"后，可在左侧窗口中看到自动生成的路径"Path_10"。右键单击该路径，在菜单中选择"配置参数"中"自动配置"，如图 6-123 所示。

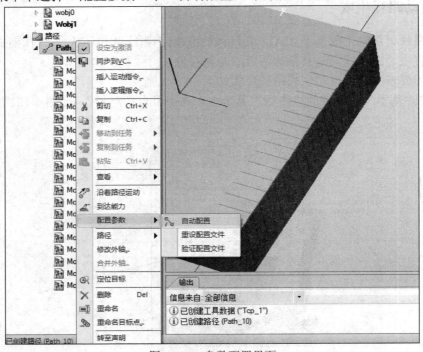

图 6-123　参数配置界面

(4) 自动配置时，系统会给出第一个目标点两个默认轴配置数据，选择合适的姿态进行自动配置。注意：选择配置时尽量选择第 4 轴角度较小的配置，避免配置过程中第 4 轴超限，如图 6-124 所示。

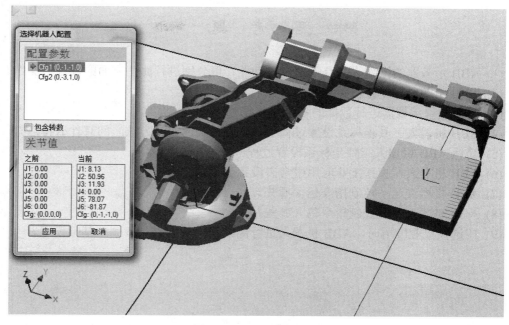

图 6-124　自动配置界面

（5）配置完成后，可以右键点击路径对路径进行重命名、反转、旋转等操作，如图 6-125 所示。

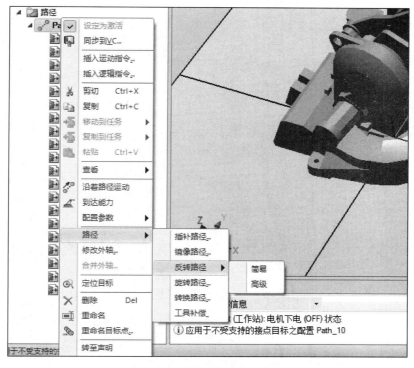

图 6-125　路径参数修改界面

思　考　题

(1) ABB 示教器的操作界面有哪些主要功能？可分别进行哪些方面的设置与操作？

(2) ABB 示教器操作按钮主要分为哪几个部分？

(3) 如何利用示教器进行数据的备份与恢复？

(4) ABB 机器人工具坐标系设置过程中，不同种类的定义方法之间有什么特点？

(5) 简述 ABB 机器人工件坐标系设置过程中，3 点法的特点。

(6) ABB 机器人在哪些工业应用中常需设置 I/O 通信？

(7) ABB 机器人运动控制指令包含哪些？

(8) ABB 机器人流程控制指令包含哪些？

(9) 在进行工业应用时，ABB 机器人进行离线编程时，需具备哪些基础模型？

第七章　三菱机器人操作基础

【知识点】

◆ RV 小型机器人的系统组成
◆ 三菱示教器的应用
◆ 三菱机器人的编程语言
◆ 示例练习
◆ 机器人软件使用

【重点掌握】

★ RV 小型机器人系统设备构成
★ JOG 前进
★ MELFA-BASIC V 的规格
★ 常用控制指令
★ 在线操作
★ 考虑优先信号及副程序
★ 码垛作业

本章节以三菱品牌 RV-2FR 系列机器人为本体，详细介绍三菱工业机器人示教器的应用、原点设置、程序编制、离线软件的应用等。

7.1　三菱 RV 小型机器人的系统组成

7.1.1　设备构成

三菱 RV-2FR 小型机器人的构成主要包括机器人本体、示教器和控制器，如图 7-1 所示。

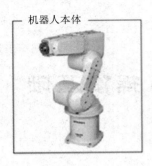
机器人本体

示教器

控制器

图 7-1　三菱 RV-2FR 小型机器人的构成

1. 机器人本体

三菱 RV-2FR 小型机器人本体的主要技术参数如表 7-1 所示。

表 7-1　三菱 RV-2FR 小型机器人本体的主要技术参数

形　式		单　位	规格值
型号			6 轴标准规格
动作自由度			6
安装姿势			地板、垂吊
构造			垂直多关节型
驱动方式			AC 伺服马达 (J2、J3、J5 轴附带制动闸)
位置检出方式			绝对型编码器
手臂长	上臂	mm	230
	前臂	mm	270
动作范围	腰部(J1)	度(deg)	480(−240～+240)
	肩部(J2)		240(−120～+120)
	肘部(J3)		160(0～+160)
	腕部偏转(J4)		400(−200～+200)
	腕部俯仰(J5)		240(−120～+120)
	腕部翻转(J6)		720(−360～+360)
最大速度	腰部(J1)	度/秒 deg/s	300
	肩部(J2)		150
	肘部(J3)		300
	腕部偏转(J4)		450
	腕部俯仰(J5)		450
	腕部翻转(J6)		720

续表

形　式		单　位	规格值
最大合成速度		mm/sec	4950
可搬重量	最大	kg	3.0
	额定		2.0
位置往返精度		mm	±0.02
周围温度		℃	0～40
本体重量		kg	19
容许转矩	腕部偏转(J4)	N·m	4.17
	腕部俯仰(J5)	N·m	4.17
	腕部翻转(J6)	N·m	2.45
容许惯性	腕部偏转(J4)	kg·m^2	0.18
	腕部俯仰(J5)	kg·m^2	0.18
	腕部翻转(J6)	kg·m^2	0.04
手臂到达半径 (前方 J5 轴中心点)		mm	504
Tool 配线			抓手输入 4 点、输出 4 点

2. 示教器

三菱机器人示教器如图 7-2 所示。

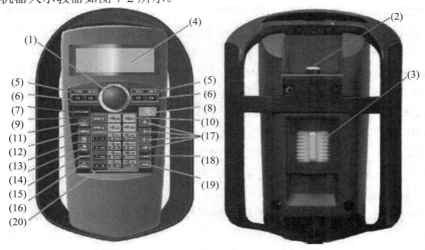

图 7-2　三菱示教器

各功能键的名称及作用介绍如下。

(1) [EMG.STOP]开关：紧急停止用的带锁定功能的按钮开关。按压该开关，则无论示教单元处于有效还是无效状态，机器人均会进行伺服关闭，并立即停止。解除紧急停止状态时，请将开关向右旋转，或将开关向外拉。(按压紧急停止开关，则机器人进入错误状态。)

(2) [TB ENABLS]开关：设定通过示教单元进行的机器人的操作为有效还是无效的开关。该开关为备用开关，示教单元有效时，开关内的指示灯亮灯。此外，前面的 ENABLE 指示灯也亮灯。使用示教单元操作机器人时，请务必将示教单元设为有效。如果将示教单元设为有效，则示教单元的操作被赋予优先权，可通过示教单元进行操作，同时来自外部的操作将无法进行(MANUAL 模式)。此外，从外部操作时，应置为示教单元无效状态(AUTOMATIC 模式)。

(3) 有效开关(3 位置开关)：位于背面的 3 位置的开关。MANUAL 模式时，松开或用力拉拽(按压)本开关，则伺服关闭。JOG 操作及单步执行等在伺服开启状态下起作用的操作，请在轻按本开关的状态下进行。此外，进行了紧急停止和伺服关闭操作，处于伺服关闭状态时，仅按压本开关也不会进行伺服开启。请重新进行伺服开启操作。

(4) 显示面板：通过示教单元的按键操作，显示程序的内容及机器人的状态。

(5) 状态显示灯：显示示教单元及机器人的状态。

[POWER]：示教单元有供电时亮绿灯。

[ENABLE]：示教单元处于有效状态时亮绿灯。

[SERVO]：机器人伺服开启时亮绿灯。

[ERROR]：机器人处于错误状态时亮红灯。

(6) [F1][F2][F3][F4] 按键：执行显示面板的功能显示部中显示的功能。

(7) [FUNCTION]键：在 1 个操作中，[F1][F2][F3][F4]键中分配的功能有 5 个以上时，按压该键即切换功能显示，更改[F1][F2][F3][F4]键中分配的功能。

(8) [STOP]键：表示如果机器人正在动作中，则立即减速，使机器人的动作停止。此外，如果正在执行程序，则中断程序的执行。如果示教单元为连接状态，则未按压[ENABLE]开关时([ENABLE] 指示灯未亮灯时)也可使用。

(9) [OVRD↑][OVRD↓]键：表示改变机器人的速度倍率修调值。按压[OVRD↑]键则倍率修调值将增大，按压[OVRD↓]键则倍率修调值将减小。

(10) [JOG 操作]键([−X(J1)]～[+C(J6)]的 1 2 个按键)：示教单元为 JOG 模式时，通过该键进行 JOG 操作。此外，示教单元为手动操作模式时，通过该键进行手动操作。

(11) [SERVO]键：在轻压有效开关的同时，如果按压该键则机器人将进行伺服开启。

(12) [MONITOR]键：按压该键时，将进入监视模式，显示监视菜单。监视模式时，如果按压该键，则返回进入监视模式之前的画面。

(13) [JOG]键：按压该键时，将进入 JOG 模式，显示 JOG 画面。JOG 模式时，如果按压该键，则返回进入 JOG 模式之前的画面。

(14) [HAND]键：按压该键时，将进入抓手操作模式，显示抓手操作画面。手动操作模式时，如果按压该键，则返回进入手动操作模式之前的画面。此外，按住该键 2 秒以上时，将变为工具选择画面，进入进行工具数据选择的模式。工具选择模式时按住该键 2 秒以上，则返回前一个画面。

(15) [CHARACTER]键：示教单元可进行字符输入或数字输入时，通过[数字/文字]键的功能可在数字输入与文字输入之间进行切换。

(16) [RESET]键：机器人处于错误状态时，解除错误(也有些错误无法解除)。此外，通过在按压该键的同时按压[EXE]键，进行程序复位。

(17) [↑][↓][←][→]键：表示将光标向各个方向移动。

(18) [CLEAR]键：可进行数字输入或字符输入时，按压该键即可将光标所在位置字符删除1个字符。此外，通过长按该键可将光标所在输入区域全部清除。

(19) [EXE]键：对输入操作进行确定。此外，直接执行时，在持续按压该键期间，机器人将动作。

(20) [数字/字符]键：可进行数字输入或字符输入时，按压该键时将显示数字或字符。

3. 控制器

三菱CR1D控制器如图7-3所示。

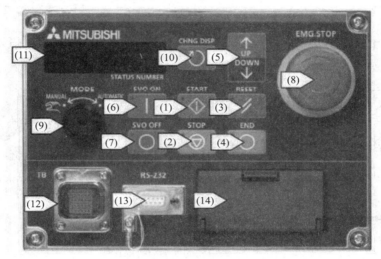

图7-3 CR1D控制器

各功能键的名称及作用介绍如下。

(1) [START]按钮：执行程序时按压此按钮。(进行重复运行。)

(2) [STOP]按钮：停止机器人时按压此按钮。(不断开伺服电源。)

(3) [RESET]按钮：解除当前发生中的错误时按压此按钮。此外，对执行中(中途停止的)的程序进行复位，程序返回至起始处。

(4) [END]按钮：如果按压此按钮，将执行程序的结束(END)命令，停止程序运行。在使机器人的动作在1个循环结束后停止时使用此按钮。(结束重复运行。)

(5) [UP/DON]按钮：此按钮用于在[STATUS NUMBER]中进行程序编号选择及速度的上下调节设置。

(6) [SVO ON]开关：该开关接通伺服马达的电源。

(7) [SVO OFF]开关：该开关断开伺服马达的电源。

(8) [EMG.STOP]紧急停止开关：该开关使机器人立即停止，或者断开伺服电源。

(9) MODE 切换开关：该开关是使机器人操作有效的选择开关。可以对通过示教单元、操作盘或者外部开关执行的动作进行切换。

(10) [CHNG DISP]切换显示：对显示菜单([STATUS NUMBER]显示)按程序编号、行编号、速度的顺序进行切换显示。

(11) [STATUS NUMBER]显示：该菜单进行程序编号、出错编号、行编号、速度等的状态显示。

(12) [TB]连接器：是用于连接示教单元的连接器。

(13) [RS-232]连接器：是用于连接控制器及个人计算机的专用连接器。

(14) USB 接口、电池：此处配备了用于与个人计算机连接的 USB 接口以及备份电池。

7.1.2　示教单元的安装与拆除

示教单元的安装与拆除是机器人系统连接的必要过程。示教单元的安装与拆除过程如图 7-4 所示。

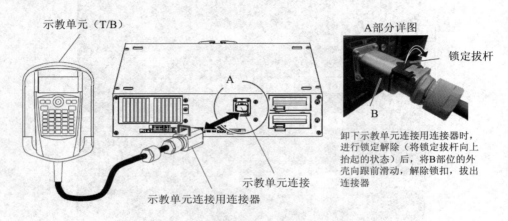

图 7-4　示教单元的安装与拆除过程

1. 安装过程

确认控制器的电源处于 OFF 状态时，将示教单元的连接器连接到控制器的[TB]连接器，并将锁定压杆向上抬起，压入连接器直至发出咔嚓声。至此，示教单元的安装结束。

2. 拆除过程

MANUAL 模式时：确认控制器的电源处于 OFF 状态，将连接器上部的锁定拔杆向上拉起，握住连接器本身将其拔出。

如果在控制电源 ON 的状态下进行示教单元的拆装，将发生紧急停止报警。

AUTOMATIC 模式时：处于轻轻抓握示教单元的 3 位置有效开关的状态，将连接器上部的锁定拔杆向上拉起，握住连接器本身将其拔出。(应在 5 秒以内拔出示教单元连接器。)

至此，示教单元的拆卸结束。

7.2　三菱示教器的应用

示教器是进行机器人的手动操纵、程序编写参数配置以及监控的手持装置，也是学习中最常用的控制装置。三菱示教器的操作面板主要包括显示屏、开关按钮、手动操作键、数字/字母输入键、速度设置键、确认/删除键等。

工业机器人的使能器按钮是为保证操作人员人身安全而设置的。只有在按下使能器按钮并保持在电机开启的状态，才可对机器人进行手动操作与程序调试。当发生危险时，人会本能地将使能器按钮松开或按紧，则机器人会马上停下来，保证安全。

JOG 前进的速度：可通过[OVRD↑]/[OVRD↓]键变更速度。当前的设定速度在画面右上方显示为%。JOG 前进的速度有以下几种，如图 7-5 所示。

←	[OVRD↓] 键					[OVRD↑] 键		→
LOW	HIGH	3%	5%	10%	30%	50%	70%	100%

图 7-5　JOG 前进速度

7.2.1　菜单界面操作

如果对机器人进行相应的设置，首先需要进入菜单界面。具体操作步骤如下：

(1) 将示教单元的有效/无效(ENABLE/DISABLE)开关置于有效，如图 7-6 所示。

图 7-6　有效/无效开关

(2) 按下某个键(例如[EXE]键)，将出现<菜单>界面，如图 7-7 所示。

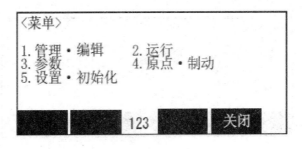

图 7-7 <菜单>界面(1)

(3) 在<菜单>界面中按下数字键 1，显示<管理·编辑>界面，如图 7-8 所示。

```
<管理·编辑>        1/  剩余6        966272
1              07-05-30   20:21:30        485
2              07-05-30   20:21:30        485
3              07-05-30   20:21:30        485
4              07-05-30   20:21:30        485
  编辑    位置   123   新建    复制    ⇒
```

图 7-8   <管理·编辑>界面

(4) 在界面下方的功能键处显示程序管理功能：编辑、位置、新建、复制，分别对应操作键 F1、F2、F3、F4，如图 7-9 所示。

```
<管理·编辑>        1/  剩余6        966272
1              07-05-30   20:21:30        485
2              07-05-30   20:21:30        485
3              07-05-30   20:21:30        485
4              07-05-30   20:21:30        485
  编辑    位置   123   新建    复制    ⇒
```

图 7-9   管理功能界面(1)

(5) 按下[FUNCTION]键可以进行功能切换，对应出现重命名、删除、保护、关闭，分别对应操作键 F1、F2、F3、F4，如图 7-10 所示。

```
<管理·编辑>        1/  剩余6        966272
1              07-05-30   20:21:30        485
2              07-06-15   20:21:30        325
3              07-06-16   20:21:30        356
4              07-07-20   20:21:30        251
 重命名   删除   123   保护    关闭    ⇒
```

图 7-10   管理功能界面(2)

(6) 在<菜单>界面中，按下数字键 2，将显示"2. 运行"界面，如图 7-11 所示。

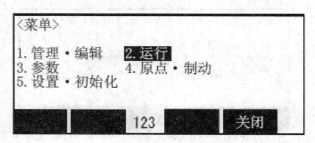

图 7-11   <菜单>界面(2)

(7) 点击确认后，出现<运行>界面，如图 7-12 所示。

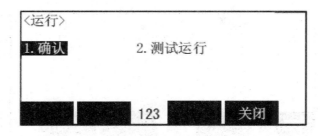

图 7-12 <运行>界面

(8) 在<菜单>界面中，按下数字键 3，将显示"3. 参数"界面，如图 7-13 所示。

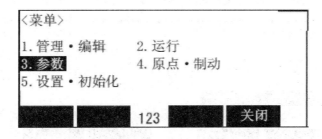

图 7-13 <菜单>界面(3)

(9) 点击确认后，出现<参数>界面，如图 7-14 所示。

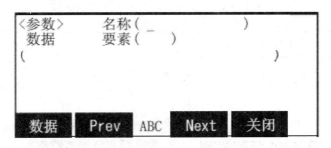

图 7-14 参数设置界面

(10) 在<菜单>界面中，按下数字键 4，将显示"4. 原点・制动"界面，如图 7-15 所示。

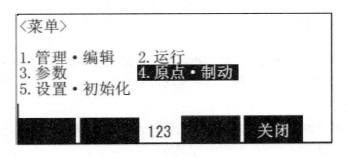

图 7-15 <菜单>界面(4)

(11) 点击确认后，出现<原点·制动>界面，如图 7-16 所示。

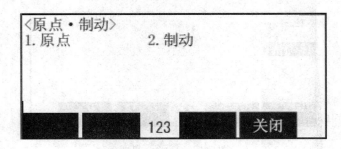

图 7-16　<原点·制动>界面

(12) 在<菜单>界面中，按下数字键 5，将显示"5.设置·初始化"界面，如图 7-17 所示。

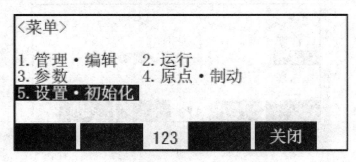

图 7-17　<菜单>界面(5)

(13) 点击确认后，出现<设置·初始化>界面，如图 7-18 所示。

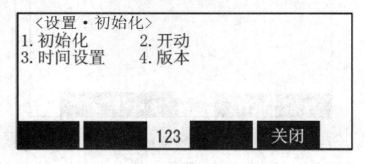

图 7-18　初始化界面

7.2.2　数字/文字的输入

每次按下[CHARACTER] 键，会切换数字输入模式与文字输入模式。界面右下角会显示当前的输入模式，"123"表示数字输入模式，"ABC"表示文字输入模式。

1. 数字的输入

按下[CHARACTER] 键，在界面右下角显示"123"的状态下，按下数字键进行输入。例如：输入程序名为"51"时，如图 7-19 所示。

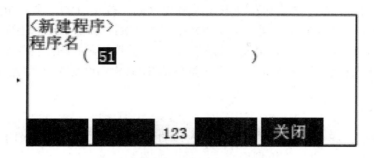

图 7-19　程序新建界面

2. 文字的输入

按下[CHARACTER] 键，在界面右下角显示"ABC"的状态下，按下文字键进行输入。每次按下有多个文字显示的键，输入的文字会变换。例如：每次按下[ABC]键时，输入的文字会重复"A""B""C""a""b"……，如图 7-20 所示。

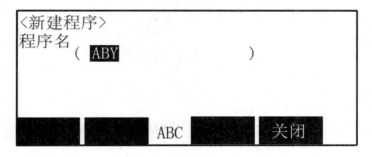

图 7-20　程序命名对话框

3. 文字的删除

错误输入的文字，按下[CLEAR]键，可删除光标所在位置的 1 个文字。例如：要将"ABY"的"B"变更为"M"，变成"AMY"时，将光标移动到文字"B"上，按下[CLEAR]键删除后，再输入"M"、"Y"，如图 7-21 所示。

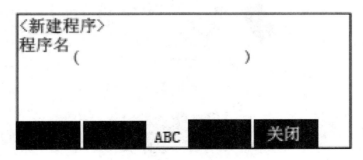

图 7-21　程序命名对话框

7.2.3　JOG 前进

JOG 前进是指以手动方式使机器人运动的操作。这里以 RV-2FR 多关节型机器人为基准对进行说明。JOG 前进有以下 6 种形式：关节 JOG、直交 JOG、工具 JOG、三轴直交 JOG、圆筒 JOG、工件 JOG。此外，直交 JOG、工具 JOG、圆筒 JOG、工件 JOG 动作时，机器人的控制点接近特异点后，会发出蜂鸣声，同时示教单元的画面会显示警告符号，提醒机器人的操作人员注意，本功能可根据参数(MESNGLSW)设定为有效/无效。6 种形式特点如下所述。

1. 关节 JOG

在各轴以角度为单位使轴动作，使机器人移动到各轴，使 J1～J6 轴及附加轴 J7、J8 各自独立运动，轴数根据机器人机型而有所差异，如图 7-22 所示。

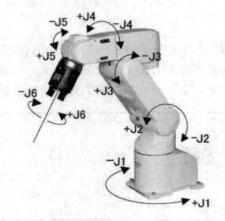

图 7-22　关节 JOG 特征图

2. 直交 JOG

按下 X、Y、Z 键，以机器人的世界坐标系为基准，保持抓手的方向朝 X、Y、Z 方向进行直线动作；按下 A、B、C 键，以世界坐标系的 X、Y、Z 轴为中心旋转，改变抓手的方向。如图 7-23 所示，前端的位置固定，但是需要先通过参数 MEXTL 正确设定工具长度。

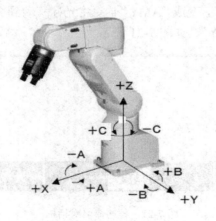

图 7-23　直角 JOG 特征图

3. 工具 JOG

按下 X、Y、Z 键，以将机器人抓手前端作为原点的工具坐标系为基准，保持抓手的方向朝前后、左右、上下方向进行直线移动；按下 A、B、C 键，以工具坐标系的 X、Y、Z 轴为中心旋转，改变抓手的方向。如图 7-24 所示，前端的位置固定，但是需要先通过参数 MEXTL 正确设定工具长度。抓手前端的工具坐标系根据机器人机型而有所差异，垂直多关节型机器人由机械接口面到抓手前端方向为 +Z。

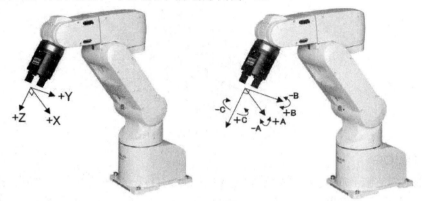

图 7-24　工具 JOG 特征图

4. 三轴直交 JOG

按下 X、Y、Z 键，以机器人的世界坐标系为基准，向 X、Y、Z 方向进行直线动作；按下 A、B、C 键，会和关节 JOG 一样以关节为基准进行动作，但为了保持控制点的位置 (XYZ 值)，姿势会改变。如图 7-25 所示，与直交 JOG 不同，由于在 X、Y、Z、J4、J5、J6 中插补，因此不会保持姿势，需要先通过参数 MEXTL 正确设定工具长度。

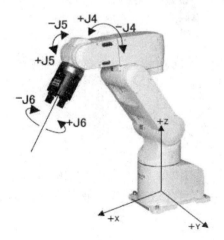

图 7-25　三轴直交 JOG 特征图

5. 圆筒 JOG

以机器人的世界坐标系的原点为基准，在抓手向圆筒方向动作的情况下使用。X 轴从世界坐标系的原点向放射线方向移动；Y 轴的动作和使 J1 轴旋转的关节 JOG 相同；圆弧动作，Z 轴和直交 JOG 的 Z 相同；上下动作，按下 A、B、C 键，将进行和直交 JOG 相同的动作。如图 7-26 所示，在水平多关节型机器人中也可能有效。

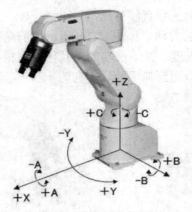

图 7-26　圆筒 JOG 特征图

6. 工件 JOG

进行该 JOG 操作时，需要先将参数 WKnJOGMD ($n=1\sim8$)设定为"0"。按下 X、Y、Z 键，以事先设定的机器人的工件坐标系为基准，保持抓手的方向朝 X、Y、Z 轴方向进行直线动作；按下 A、B、C 键，以相同工件坐标系的 X、Y、Z 轴为中心旋转，改变抓手的方向。如图 7-27 所示，前端的位置固定，但是需要先通过参数 MEXTL 正确设定工具长度。

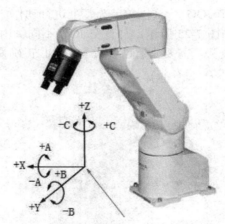

图 7-27　工件 JOG 特征图

注意：对于工件坐标系，用户事先进行设定，最多可设定 8 种，未设定工件坐标系时，变为直交 JOG 中的动作。

7.2.4　JOG 操作步骤

JOG 操作的步骤如下：

(1) 将[TB ENABLE] 开关设为[ENABLE]。

(2) 按下有效开关(3 位置开关)。

(3) 按下[SERVO]键使伺服 ON，按下 JOG 键后，将显示 JOG 画面，显示机器人的当前位置、JOG 模式、速度等，如图 7-28 所示。

图 7-28　按键操作界面

(4) 按下[JOG]键，再按下[F1] (关节)键，选择关节 JOG 模式。

(5) 按下各轴的键，即 J1～J6 轴，如图 7-29 所示。

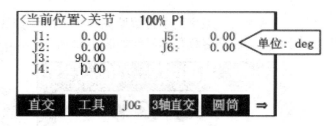

图 7-29　关节 JOG 界面

(6) 按下对应"直交"的任一功能键(从[F1]到[F4])，选择直交 JOG 模式。

(7) 按下各轴的键，即 X、Y、Z、A、B、C 轴，如图 7-30 所示。

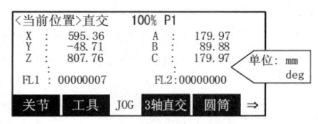

图 7-30　直交 JOG 界面

(8) 按下对应"工具"的任一功能键(从[F1] 到[F4])，选择工具 JOG 模式。

(9) 按下各轴的键，即 X、Y、Z、A、B、C 轴，如图 7-31 所示。

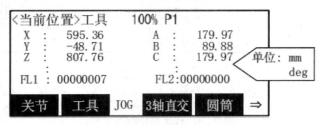

图 7-31　工具 JOG 界面

(10) 按下对应"3 轴直交"的任一功能键(从[F1]到[F4])，选择 3 轴直交 JOG 模式。

(11) 按下各轴的键，即 X、Y、Z、A、B、C 轴。

(12) 按下对应"圆筒"的任一功能键(从[F1]到[F4])，选择圆筒 JOG 模式。

(13) 按下各轴的键，即 X、Y、Z、A、B、C 轴。

(14) 按下对应"工件"的任一功能键(从[F1]到[F4])，选择工件 JOG 模式。

(15) 按下各轴的键，即 X、Y、Z、A、B、C 轴。

7.3　三菱机器人的编程语言

7.3.1　MELFA-BASIC V 的规格

MELFA 系列中使用的语言为 MELFA-BASIC V，其语言规则主要内容如下。

1. 程序名称

程序的名称使用英文大写字母、数字；字符数最多为 12 个字符；控制器的面板中最多可显示的字符数为 4 个字符。程序名称显示界面如图 7-32 所示。

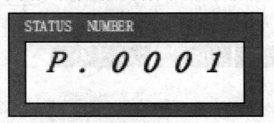

图 7-32　程序名称显示界面

2. 程序的命令语句

程序语句由四部分组成：步号、命令语、数据和附随语句，如图 7-33 所示。

步号：可以使用整数的 1~32 767，程序从起始步开始(按步号的升序)执行。

命令语：决定此语句的执行的事件。

数据：常量及变量。

附随语句：只能对移动命令随附处理命令。

标识：用于在程序中进行分支目标指定。

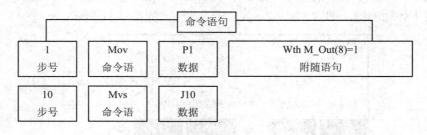

图 7-33　程序语句组成结构

7.3.2 常用控制指令

三菱机器人采用"MELFA-BASIC Ⅵ"程序语言，本章节将对其程序语言的功能及规格进行详细阐述。表 7-2 展示了程序语言的控制指令。

表 7-2 程序语言的控制指令

序 号	项 目	内 容	相关指令等
1	机器人的动作控制语句	关节插补动作	Mov
		直线插补动作	Mvs
		圆弧插补动作	Mvr、Mvr2、Mvr3、Mvc
		连续动作	Cnt
		加减速时间和速度控制	Accel、Oadl
		确认到达目的位置	Fine、Mov 和 Dly
		高轨迹精度控制	Prec
		抓手·工具控制	HOpen、HClose、Tool
2	托盘运算		Def Plt、Plt
3	逻辑控制语句	无条件分支·条件分支·待机	GoTo、If Then Else、Wait 其他
		循环	For Next、While Wend
		中段	Def Act、Act
		子程序	GoSub、Callp、On GoSub 其他
		定时器	Dly
		停止	End (1 循环停止)、Hlt
4	外部信号的输入输出	信号输入	M_In、M_Inb、M_Inw 其他
		信号输出	M_Out、M_Outb、M_Outw 其他
5	通信		Open、Close、Print、Input 其他
6	公式和运算	运算符	+、−、*、/、<>、<、>等
		位置数据的相对运算(乘运算)	P1*P2
		位置数据的相对运算(加运算)	P1+P2
7	附随语句		Wth、WthIf

1. 关节插补动作(Mov)

关节插补动作(Mov)通过关节插补向指定位置移动，可以在 Type 指定插补形式。也可以指定 Wth、WthIf 的附随语句。

案例如下：

(1) 机器人动作如图 7-34 所示。

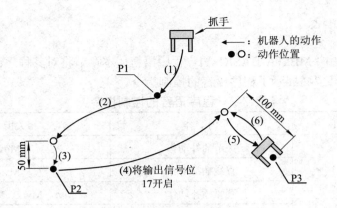

图 7-34 关节插补运动轨迹图

(2) 程序示例如下：

1	Mov P1	;	(1) 向 P1 移动
2	Mov P2，-50	;	(2) 从 P2 开始移动到抓手方向后退 50 mm 的位置
3	Mov P2	;	(3) 向 P2 移动
4	Mov P3, -100 Wth M_Out(17)=1	;	(4) 从 P3 开始移动到抓手方向后退 100 mm 的位置，同时开始输出信号 17
5	Mov P3	;	(5) 向 P3 移动
6	Mov P3，-100	;	(6) 从 P3 开始返回到抓手方向后退 100 mm 的位置程序结束
7	End	;	

2. 直线插补动作(Mvs)

直线插补动作(Mvs)通过直线插补向指定位置移动，可以在 Type 指定插补形式，也可以指定 Wth、WthIf 的附随语句。

案例如下：

(1) 机器人动作如图 7-35 所示。

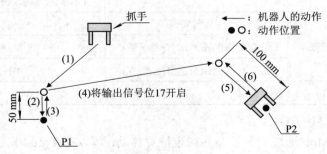

图 7-35 直线插补运动轨迹图

(2) 程序示例如下：

| 1 | Mvs P1, -50 (注) | ; | (1) 以直线插补从 P1 开始移动到抓手方向后退 50 mm 的位置 |
| 2 | Mvs P1 | ; | (2) 以直线插补移动到 P1 移动 |

3 Mvs, -50 ; (3) 以直线插补从当前位置(P1)开始移动到抓手方向后退
50 mm 的位置

4 Mvs P2, -100 Wth M_Out(17)=1 ; (4) 开始移动的同时，输出信号位 17 设为 ON

5 Mvs P2 ; (5) 以直线插补移动到 P2

6 Mvs, -100 (注) ; (6) 以直线插补从当前位置(P2)开始移动到抓手方向
后退 100 mm 的位置

7 End ; 程序结束

3. 圆弧插补动作(Mvr)

圆弧插补动作(Mvr)以三次圆弧插补，在 3 点指定的圆弧上移动。当前位置从圆弧开始起点偏离的情况下，直线动作到起点为止后，进行圆弧动作，可以指定 Wth、WthIf 的附随语句。

Mvr1：指定起点、通过点、终点后，以圆弧插补依照起点→通过点→终点的顺序移动，可以在 Type 指定插补形式。

Mvr2：指定起点、终点、参考点后，以圆弧插补不通过参考点向起点→终点的方向移动，可以在 Type 指定插补形式。

Mvr3：指定起点、终点、中心点后，以圆弧插补从起点→终点移动。从起点到终点的扇角：0 度＜扇角＜180 度。

Mvc 指定起点(终点)、通过点 1、通过点 2 后，以圆弧插补依照起点→通过点 1→通过点 2→终点的顺序进行圆周移动。

案例如下：

(1) 机器人动作如图 7-36 所示。

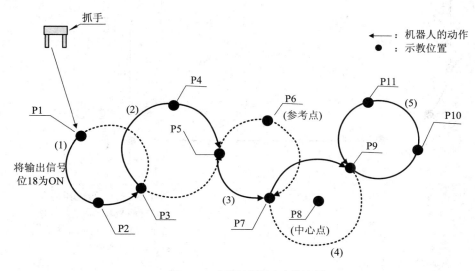

图 7-36 圆弧插补运动轨迹图

(2) 程序示例如下：

1 Mvr P1；P2，P3 Wth M_Out(18)=1； (1) 将 P1→P2→P3 以圆弧动作。由于动作前机器人的
当前位置偏离起点，因此最初以直线动作到起点。

圆弧动作开始的同时，开启(P1)输出信号位 18

| 2 | Mvr P3，P4，P5 | ; | (2) 将 P3→P4→P5 以圆弧动作 |

3　Mvr2 P5，P7，P6　　　　　; 　(3) 在起点(P5)、参考点(P6)、终点(P7)指定的圆周
上，从起点开始到终点为止不通过参考点的方
向以圆弧动作

4　Mvr3 P7，P9，P8　　　　　; 　(4) 在中心点(P8)、起点(P7)、终点(P9)指定的圆周
上，从起点开始到终点为止以圆弧动作

5　Mvc P9，P10，P11　　　　　; 　(5) 将 P9→P10→P11→P9 以圆弧动作(为 1 周动作)

6　End　　　　　　　　　　　; 　　　程序结束

4. 连续动作(Cnt)

连续动作(Cnt)不在每个动作位置停止，而是连续移动多个动作位置。在指令里，指定连续动作的开始和结束。即使在连续动作中，也可以变更速度。

案例如下：

(1) 机器人动作如图 7-37 所示。

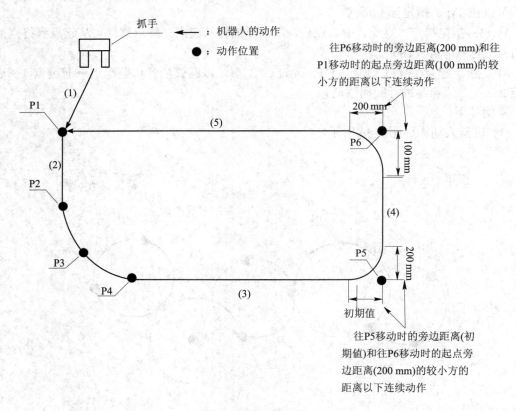

图 7-37　连续动作轨迹图

(2) 程序示例如下：

1　Mov P1　　　　　　　　; 　(1) 以关节插补向 P1 移动

2　Cnt 1　　　　　　　　　; 　将连续动作设为有效(此后的移动会变为连续动作。)

3	Mvr P2，P3，P4	;	(2) 直线动作到 P2 为止，并连续进行圆弧动作到 P4 为止
4	Mvs P5	;	连续进行圆弧动作后向 P5 直线动作
5	Cnt 1，200，100	;	(3) 将连续动作的起点接近距离设定为 200 mm，终点接近距离设定为 100 mm
6	Mvs P6	;	(4) 连续移动至上述的 P5 后，向 P6 直线动作
7	Mvs P1	;	(5) 连续向 P1 直线动作
8	Cnt 0	;	将连续动作设为无效
9	End	;	程序结束

5. 加减速时间和速度控制(Accel、Ovrd、JOvrd、Spd、Oadl)

加减速时间和速度控制可以指定对加减速时的最高加减速度的比例及动作速度。

Accel：以相对于最高加减速度的比例(%)指定移动时的加速度和减速度。

Ovrd：以相对于最高速度的比例(%)指定程序全体的动作速度。

JOvrd：以相对于最高速度的比例(%)指定关节插补动作时的速度。

Spd：以抓手前端速度(mm/s)指定直线、圆弧插补动作时的速度。

Oadl：指定最佳加减速度功能为有效/无效。

案例如下：

(1) 机器人动作如图 7-38 所示。

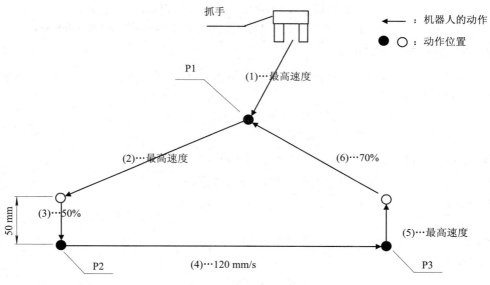

图 7-38　速度控制轨迹图

(2) 程序示例如下：

1	Ovrd 100	;	将全体的动作速度设定为最大
2	Mvs P1	;	(1) 以最高速度向 P1 移动
3	Mvs P2，-50	;	(2) 以最高速度从 P2 开始移动到抓手方向后退 50 mm 的位置
4	Ovrd 50	;	将全体的动作速度设定为最高速度的一半
5	Mvs P2	;	(3) 以初始设定速度的一半，向 P2 直线动作

6	Spd 120	;	将前端速度设定为 120 mm/s(由于倍率修调为 50%,因此实际以 60 mm/s 动作。)
7	Ovrd 100	;	为了使实际的前端速度为 120 mm/s,请将动作速度的比例设为 100%
8	Accel 70,70	;	加减速度都设定为最高加减速度的 70%
9	Mvs P3	;	(4) 以前端速度 120 mm/s 向 P3 直线动作
10	Spd M_NSpd	;	将前端速度返回至初始值
11	Accel	;	加减速度都返回至最高加减速度
12	Mvs ,-50	;	(5) 以直线动作时的初始设定速度,从当前位置(P3)直线移动到抓手方向后退 50 mm 的位置
13	Mvs P1	;	(6) 以最高速度的 70%向 P1 移动
14	End	;	程序结束

6. 确认到达目的位置(Fine)

以脉冲数可对定位完成条件进行指定。指定的脉冲数越小,越可以正确定位。Fine 指令连续动作时,本指定为无效。

程序示例如下:

Fine 100	;	将定位完成条件设定为 100 脉冲
Mov P1	;	以关节插补向 P1 移动(以指令值级别完成。)
Dly 0.5	;	动作指令后的定位以定时器执行(皮带驱动方式的机器人为有效。)

7. 高轨迹精度控制(Prec)

高轨迹精度控制可提升机器人的动作轨迹后进行动作。

程序示例如下:

Prec On	;	将高精度模式设为有效
Prec Off	;	将高精度模式设为无效

8. 抓手·工具控制(HOpen、HClose、Tool)

抓手·工具控制可提升机器人的动作轨迹后进行动作。

HOpen: 打开指定抓手。

HClose: 关闭指定抓手。

Tool: 设定使用工具的形状,并对准控制点。

程序示例如下:

HOpen 1	;	打开 1 号的抓手
HOpen 2	;	打开 2 号的抓手
HClose 1	;	关闭 1 号的抓手
HClose 2	;	关闭 2 号的抓手
Tool(0,0,95,0,0,0)	;	将机器人的控制点的位置设定在法兰面的延长方向 95 mm 的位置

9. 托盘运算

在将工件规则正确的排列作业(Palletize)和取出规则正确排列的工件作业(Depalletize)

的情况下，使用托盘功能仅能够示教基准工件的位置，并通过运算求得剩余的位置。

Def Plt：定义使用的托盘。

Plt：通过运算求得托盘上的指定位置。

案例如下：

(1) 机器人动作如图 7-39 所示。

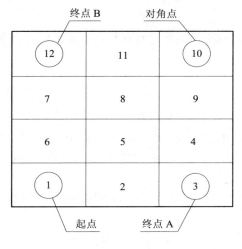

(a) Z 字型编码

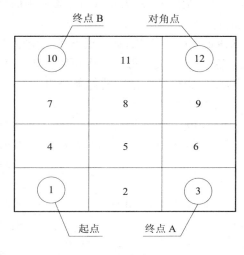

(b) 同方向编码

图 7-39　托盘指令示意图

(2) 程序示例如下：

Def Plt 1, P1, P2, P3, P4, 4, 3, 1	;　定义以起点=P1、终点 A=P2、终点 B=P3、对角点=P4 的 4 点在指定的位置和大小尺寸中，托盘编号 1 存在个数 A=4、个数 B=3 的合计 12 个(4×3)作业位置，通过托盘模型=1 (Z 字型)进行运算并使用
Def Plt 2, P1, P2, P3, , 8, 5, 2	;　定义以起点=P1、终点 A=P2、终点 B=P3 的 3 点在指定的位置和大小尺寸中，托盘编号 2 存在个数 A=8、个数 B=5 的合计 40 个(5×8)作业位置，通过托盘模型=2(相同方向)进行运算并使用
Def Plt 3, P1, P2, P3, , 5, 1, 3	;　定义以起点=P1、通过点=P2、终点=P3 的 3 点在指定的圆弧上，托盘编号 3 存在合计 5 个作业位置并使用圆弧托盘
(Plt 1, 5)	;　运算托盘编号 1 的第 5 个位置
(Plt 1, M1)	;　显示数值变量 M1 的值，运算托盘编号 1 内的位置

10. 无条件分支·条件分支·待机

无条件分支·条件分支·待机可以将程序的流动向指定行进行无条件或条件判断后分支。

GoTo：在指定的标签无条件跳转。

On GoTo：根据指定变量的值进行跳转。值的条件为整数值顺序(1，2，3，4，…)。

　　If Then Else(在 1 行的记述)：根据指定条件执行指令。值的条件可任意地指定。条件成立的情况下，执行 Then 后面的记述；条件不成立的情况下，执行 Else 后面的记述。用 1 行记述。

　　If Then Else EndIf(多行记述)：根据指定变量及其值的指定条件进行多行处理。值的条件可任意地指定。条件的种类，每 1 指令为 1 个种类。条件成立的情况下，执行从 Then 的下一行开始到 Else 为止的行；条件不成立的情况下，执行从 Else 的下一行开始到 EndIf 为止的行。

　　Select Case End Select：根据指定变量及其值的指定条件进行跳转。值的条件可任意地指定。条件的种类，每 1 指令可以指定多个种类。

　　Wait：变量变为指定的值前待机。

　　程序示例如下：

```
GoTo   *FIN                    ; 无条件跳转到标签 FIN 的行
On M1 GoTo *L1, *L2, *L3       ; 数值变量 M1 的值为 1 时，跳转到标签 L1；为 2 时，跳
                                 转到标签 2；为 3 时，跳转到标签 3。在值不相当时，往
                                 下一行前进
If M1=1 Then *L100             ; 数值变量 M1 的值为 1 时，往标签*L1 分支，否则前往
                                 下一行
If M1=1 Then *L10 Else *L20    ; 数值变量 M1 的值为 1 时，往标签*L10 分支，否则会分
                                 支为标签*L20
If   M1=1   Then               ; 数值变量 M1 的值为 1 时，执行 M2=1、M3=2；M1 不为
                                 1 时，执行 M2=-1、M3=-2
    M2=1
    M3=2
Else
    M2=-1
    M3=-2
EndIf
Select M1                      ; 依据数值变量 M1 的值，分支到适当的 Case 文
    Case 10                    ; 值为 10 时，仅在 Case10 和下一个的 Case 11 之间执行
  :
         Break
    Case 11                    ; 值为 11 时，仅在 Case11 和下一个的 Case IS < 5 之间执行
  :
         Break
    Case IS<5                  ; 值小于 5 时，在 Case IS<5 和下一个的 Case6 TO 9 之间执行
  :
         Break
    Case6 TO 9                 ; 值为 6 到 9 时，仅在 Case6 TO 9 和下一个的 Default 之
  :                              间执行
```

Break		
Default	；	值不符合上述任意值时，仅在 Default 和下一个 End
：		Select 之间执行
Break		
End Select	；	Select Case 文结束
Wait M_In(1)=1	；	输入信号位 1 开启前待机

11. 循环

循环是指可根据指定条件，重复执行多个指令。

ForNext：将 For 文和 Next 文之间的语句重复执行，直到满足指定条件。

While WEnd：在 While 文和 WEnd 文之间的语句，若满足指定条件，则重复执行。

程序示例如下：

For M1=1 To 10	；	将 For 文和 Next 文之间的语句重复执行 10 次
⋮		数值变量 M1 的值，最初代入 1，每次重复就加上 1
Next		
For M1=0 To 10 Step 2	；	在 For 文和 Next 文之间重复执行 6 次
⋮		数值变量 M1 的值，最初代入 0，每次重复就加上 2
Next		
While (M1>=1) And (M1<=10)	；	数值变量 M1 的值为 1 以上 10 以下之间，重复执行 While
⋮		文和 WEnd 文之间的语句
WEnd		

12. 中断

中断是指定条件成立的话，可中断执行中的指令，并使其向指定行分支。

Def Act：定义插入条件和插入发生时的处理。

Act：指定插入的允许/禁止。

Return：将插入处理视为子程序的调用时，返回至原来插入的行。

程序示例如下：

Def Act 1, M_In(10)=1 GoSub *L100	；	定义在插入编号 1 中输入信号位 10 开启时，
		在机器人减速停止后调用标签*L100 的子程序。
		减速时间依赖于 Accel 指令及 Ovrd 指令
Def Act 2, M_In(11)=1 GoSub *L200, L	；	定义插入编号 2 中输入信号位 11 开启时，执行
		中的指令完成后调用标签*L200 的子程序
Def Act 3, M_In(12)=1 GoSub *L300, S	；	定义插入编号 3 中输入信号位 12 开启时，将机
		器人在最短时间、最短距离减速停止后调用标签
		*L300 的子程序
Act 1=1	；	允许优先编号 1 的插入
⋮		
Act 2=0	；	禁止优先编号 2 的插入
⋮		

```
*L100
⋮
Return 0                          ；  返回发生插入的行
*L200
⋮
Return 1                          ；  返回发生插入的下一行
*L300
⋮
Return 0                          ；  返回发生插入的行
```

13. 子程序

通过使用本功能共享程序并节省单步数，以便将程序做成阶层构造使其更浅显易懂。

GoSub：调用指定标签的子程序。

On GoSub：调用对应指定变量的值的子程序。值的条件为整数值顺序(1，2，3，…)。

Return：返回到以 GoSub 指令调用的下一行。

CallP：调用已指定的程序。以被调用的程序的 End 指令返回到原来程序的下一行，可以作为自变量将数据传送到要调用的程序。

程序示例如下：

```
GoSub *GET                    ；  调用来自标签 GET 的子程序
On M1 GoSub *L1，  *L2，  *L3  ；  数值变量 M1 的值为 1 时调用标签 L1 的子程序，为
                                  2 时调用标签 L2 的子程序，为 3 时调用标签 L3 的子
                                  程序。在值不相当时，往下一行前进
⋮
⋮
⋮
*L1
⋮
Return
*L2
⋮
Return
*L3
⋮
Return                        ；  使用 GoSub 指令调用后，后退到下一行
CallP "10"                    ；  调用 10 号的程序
CallP "20"，M1，  P1          ；  在向 20 号的程序中传送数值变量 M1 和位置变量 P1 后进行调用
```

14. 定时器(Dly)

定时器可以仅等待指定时间，且可以在指定时间宽度内对输出信号进行脉冲输出。

Dly：发挥指定时间的定时器功能。

程序示例如下：

```
Dly 0.05                      ；  仅等待 0.05 秒
```

　　M_Out(10)=1Dly 0.5　　　　　；　仅在 0.5 秒间开启输出信号位 10

15. 停止(Hlt、End)

停止指令可以停止程序的执行，使移动中的机器人减速停止。

Hlt：将机器人停止，且中断程序的执行。启动由下一行执行。

End：定义程序的 1 循环的结束。连续运行时，在 End 指令执行再度由起始行启动。循环运行、循环停止时以 End 指令结束程序。

程序示例如下：

Hlt	；	中断程序的执行
If M_In(20)=1 Then Hlt	；	输入信号位 20 开启后，程序中断
MovP1 WthIf M_In(18)=1，Hlt	；	在往 P1 移动中，输入信号位 18 开启后，程序中断
End	；	即使在程序途中也会将程序结束

16. 外部信号的输入

信号输入：可读取由可编程控制器等外部机器输入的信号。使用机器人(系统)状态变量(M_In() 等)确认输入信号。系统状态变量包括 M_In、M_Inb、M_Inw 和 M_Din。

程序示例如下：

Wait M_In	；	输入信号位 1 开启前待机
M1=M_Inb(20)	；	在数值变量 M1 里将输入信号位 20 到 27 之间的 8 位的状态转为数值代入
M1=M_Inb(5)	；	在数值变量 M1 里将输入信号位 5 到 20 之间的 16 位的状态转为数值代入

17. 外部信号的输出

信号输出：使用机器人(系统)状态变量(M_Out() 等)确认输入信号。系统状态变量包括 M_Out、M_Outb、M_Outw 和 M_DOut。

Clr 1	；	以输出复位模式为基础清除
M_Out(1)=1	；	将输出信号位 1 开启
M_Outb(8)=0	；	将输出信号位 8 到 15 之间的 8 位关闭
M_Outw(20)=0	；	将输出信号位 20 到 35 之间的 16 位关闭
M_Out(1)=1 Dly 0.5	；	在 0.5 秒间开启输出信号位 1(脉冲输出)
M_Outb(10)=&H0F	；	将输出信号位 10 到 13 之间的 4 位开启，14 到 17 之间的 4 位关闭

7.4　示　例　练　习

1. 材料搬运作业(基本动作)

材料搬运作业过程如下：

(1) 从 P1 启动，将工件从 P10 搬运至 P12 后返回至 P1(通过 MDI 将 Z 数据输入到 P2)。

(2) 将 P10+P2 的运作动作变更为"P10，-50"(接近插补命令)，观察有何不同。

搬运作业过程如图 7-40 所示。

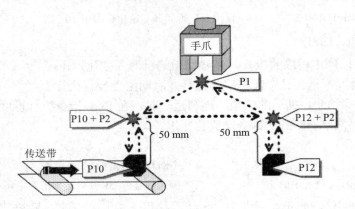

图 7-40　搬运作业过程

2. 考虑优先信号及副程序

搬运作业过程中有 3 个传送带，读取先输入的信号，然后抓取各个位置的工件后搬运至 P5，并将抓取的动作程序创建为副程序，过程如图 7-41 所示。

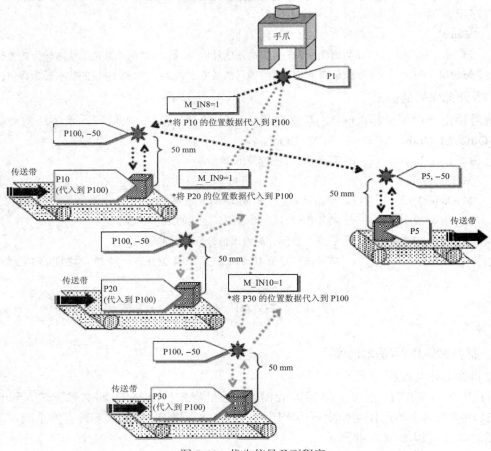

图 7-41　优先信号及副程序

3. 码垛作业

码垛作业过程如下：

(1) 在传送带 P1 处抓取工件，在托盘 4*3 = 12 上进行码垛。

(2) 先考虑一系列托盘 4*1 的情况。

码垛作业过程如图 7-42 所示。

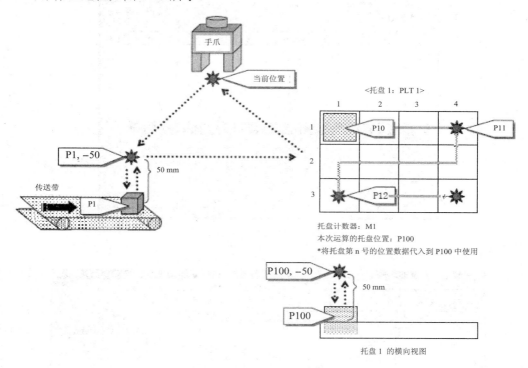

图 7-42　码垛作业过程

7.5　机器人软件使用

1. 机器人软件的认识

机器人软件安装界面如下：

(1) 安装完"RT ToolBox2 Chinese Simplified"后可双击桌面图标运行软件(如图 7-43 所示)，或点击"开始"→"所有程序"→"MELSOFT Application"→"RT ToolBox2 Chinese Simplified"。

图 7-43　桌面图标

(2) 点击菜单"工作区"中的"打开",弹出如图 7-44 所示的对话框,再点击"参照"选择程序存储的路程,然后选中样例程序"robot",再点击"OK"按钮。

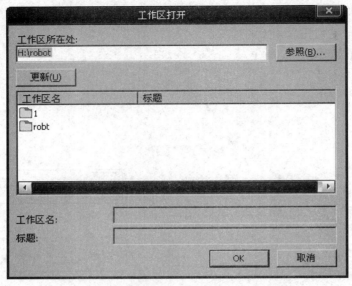

图 7-44　工作区界面

程序打开后的界面如图 7-45 所示。

图 7-45　程序界面

2. 工程的修改

工程的修改分为程序修改和位置点修改。

(1) 程序修改:打开样例工程后在程序列表中直接修改。

(2) 位置点修改:在位置点列表中选中位置点,再点击"变更",在弹出的界面中可以直接在对应的轴数据框中输入数据;或者点击"当前位置读取",自动将各轴的当前位置数据填写下来，点击"OK"按钮后将位置数据进行保存，如图 7-46 所示。

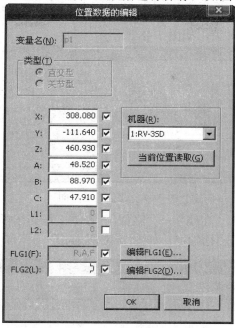

图 7-46　位置点修改界面

3. 在线操作

在线操作的步骤如下：

(1) 在工作区中右键单击"RC1"→"工程编辑"，如图 7-47 所示。

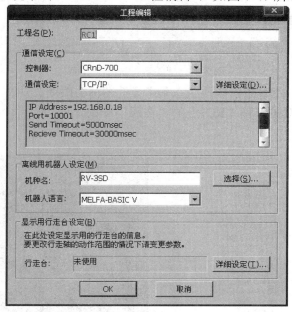

图 7-47　"工程编辑"界面

(2) 在"通信设定"中选择"TCP/IP"方式，再点击"详细设定"，在"IP 地址"中输入机器人控制的 IP 地址(控制器的 IP 地址可在控制器上电后按动[CHNG DISP]键，直到显示"No Message"时再按[UP]键，此时显示出控制器的 IP 地址)，同时设置计算机的 IP 地址在同一网段内且地址不冲突，如图 7-48 所示。

图 7-48　通信设定界面

(3) 在菜单选项中点击"在线"→"在线"，在"工程的选择"界面中选择要连接在线的工程后点击"OK"按钮进行确定，如图 7-49 所示。

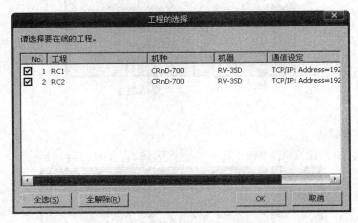

图 7-49　"工程的选择"界面

(4) 连接正常后，工具条及软件状态条中上的图标会改变。

(5) 在工作区中双击工程"RC1"的"在线"中的"RV-3SD"，出现监视窗口，如图 7-50 所示。

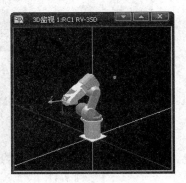

图 7-50　监视窗口

(6) 在工具条中点击"面板的显示"，监视窗口左侧会显示侧边栏。按"ZOOM"边的上升、下降图标可对窗口中的机器人图像进行放大、缩小；按动"X 轴""Y 轴""Z 轴"边上的上升、下降图标可对窗口中的机器人图像沿各轴旋转，如图 7-51 所示。

图 7-51　面板显示界面

4. 建立工程

建立工程的步骤如下：

(1) 点击菜单"工作区"→"新建"，在"工作区所在处"点击"参照"选择工程存储的路径，在"工作区名"后输入新建工程的名称，最后点击"OK"按钮完成，如图 7-52 所示。

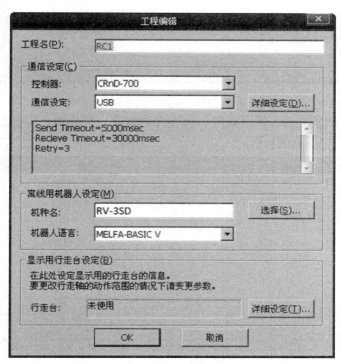

图 7-52　工作区新建界面

(2) 在"工程编辑"界面中的"工程名"后输入自定义的工程名字。

(3) 在"通信设定"中的"控制器"中选择为"CRnD-700"，在"通信设定"中选择当前使用的方式，若使用网络连接，请选择为"TCP/IP"，并在"详细设定"中填写控制器 IP 地址。

(4) 在"机种名"中点击"选择"按钮，在菜单中选择"RV-3SD"，最后点击"OK"按钮保存参数。

(5) 在"工作区"工程"RC1"下的"离线"→"程序"上右键点击，在出现的菜单中点击"新建"，在弹出的"新机器人程序"界面中的"机器人程序"后面输入程序名，最后点击"OK"按钮完成，如图7-53所示。

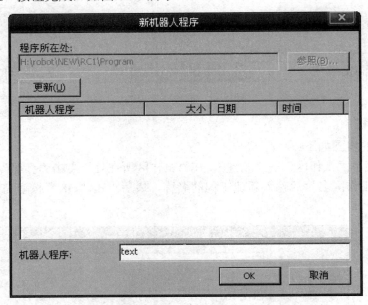

图 7-53　新建程序界面

(6) 完成程序的建立后，弹出如图7-54所示的程序编辑界面，其中上半部分是程序编辑区，下半部分是位置点编辑区。

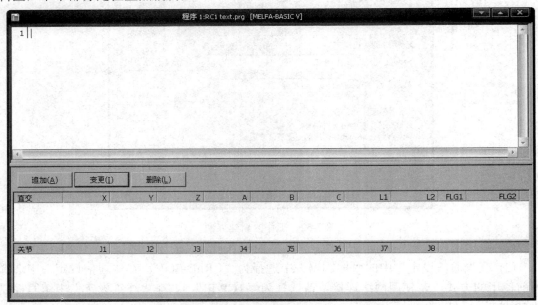

图 7-54　新建程序编辑界面

(7) 在程序编辑区的光标闪动处可以直接输入程序命令，或在菜单"工具"中选择并点击"指令模板"，在"分类"中选择指令类型，然后在"指令"中选择合适的指令，从

"模板"中可以看到该指令的使用样例。下方的"说明"栏中有此指令的使用简单说明，选中指令后点击"插入模板"或双击指令都能将指令自动输入到程序编辑区，如图 7-55 所示。

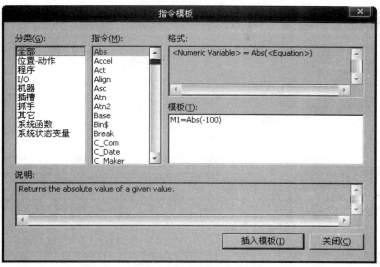

图 7-55　程序编辑区界面

(8) 指令输入完成后，在位置点编辑区点击"追加"，增加新位置点，在"位置数据的编辑"界面上的"变量名"后输入与程序中相对应的名字，对"类型"进行选择，默认为"直交型"。如编辑时无法确定具体数值，可点击"OK"按钮先完成变量的添加，再用示教的方式进行编辑，如图 7-56 所示。

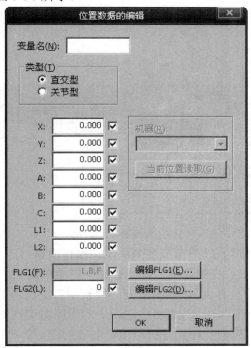

图 7-56　位置数据界面

(9) 完成编辑后的程序如图 7-57 所示。此程序运行后将控制机器人在两个位置点之间循环移动。在各指令后以"'"开始输入的文字为注释，有助于对程序的理解和记忆，符号"'"在半角英文标点输入下才有效，否则程序会报错。

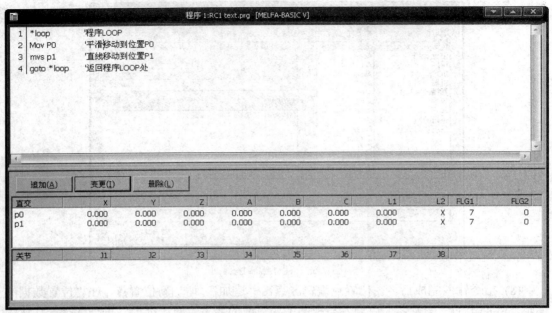

图 7-57　程序注释界面

(10) 点击工具条中的"保存"图标对程序进行保存，再点击"模拟"图标，进入模拟仿真环境，如图 7-58 所示。

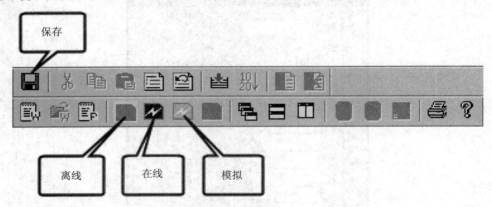

图 7-58　模拟仿真界面

(11) 在工作区中增加"在线"部分和一块模拟操作面板。在"在线"→"程序"上右键单击，选中"程序管理"，在弹出的"程序管理"界面中的"传送源"中选择"工程"，在"传送目标"中选择"机器人"，点击下方的"复制"键，将工程内的"text.prg"工程复制到模拟机器人中；点击"移动"则将传送源中的程序剪切到传送目标中；点击"删除"将传送源或传送目标内选中的程序删除；点击"名字的变更"可以改变选中程序的名字；最后点击"关闭"结束操作。程序管理界面如图 7-59 所示。

图 7-59　程序管理界面

(12) 双击在"工作区"的工程"RC1"→"在线"→"程序"下的"TXET",打开程序;双击在"工作区"的工程"RC1"→"在线"下的"RV-3SD",打开仿真机器人监视画面。在模拟操作面板上点击"JOG 操作"按钮,将操作模式选择为"直交"。在位置点编辑区先选中"P0",再点击"变量",然后在"位置数据的编辑"中点击"当前位置读取",将此位置定义为 P0 点;点击各轴右侧的"−"、"+"按钮对位置进行调整,完成后将位置定义为 P1 点,进行保存。监视画面如图 7-60 所示。

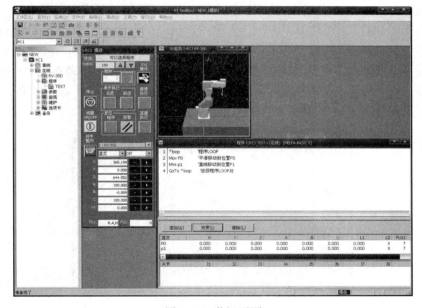

图 7-60　监视画面

(13) 选中在"工作区"的工程"RC1"→"在线"→"程序"下的"TXET"，点击右键，选择"调试状态下的打开"，此时模拟操作面板如图 7-61 所示。点击"OVRD"右侧的上、下调整按键调节机器人运行速度，并在中间的显示框内显示；点击"单步执行"内的"前进"键，使程序单步执行；点击"继续执行"，则程序连续运行；同时程序编辑栏中有黄色三角箭头指示当前执行步位置。

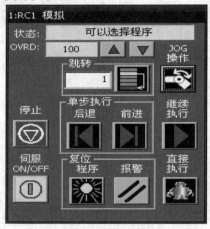

图 7-61　模拟界面

(14) 运行中出现错误时，会在状态右侧的显示框内闪现"警告 报警号 XXXX"，同时机器人伺服关闭。点击"报警确认"弹出报警信号说明，点击"复位"内的"报警"按键可以清除报警。根据报警信息修改程序相关部分，点击"伺服 ON/OFF"按键后重新执行程序。

(15) 对需要调试的程序段，可以在"跳转"内直接输入程序段号并点击图标直接跳转到指定的程序段内运行。

(16) 在调试时如要使用非程序内指令段可点击"直接执行"，在"指令"中输入新的指令段后点击"执行"。以此程序为例，先输入"mov p0"执行，再输入"mvs p1"执行，观察机器人运行的动作轨迹。为了比较"Mov"和"Mvs"指令的区别，重新输入"mov p0"执行，再输入"mov p1"执行，观察机器人运行的动作轨迹与上一条执行"mvs p1"指令时不同之处。在"历史"栏中将保存输入过指令，可直接双击其中一条后执行。按"清除"按键将记录的历史指令进行清除。直接执行界面如图 7-62 所示。

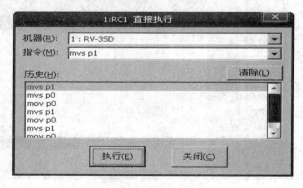

图 7-62　直接执行界面

(17) 仿真运行完成后，点击在线程序界面关闭的按钮并保存工程，然后将修改过的程序通过"工程管理"复制并覆盖到原工程中。

(18) 点击工具条上的"在线"图标，连接到机器人控制器，之后的操作与模拟操作时相同。先将工程文件复制到机器人控制器中，再调试程序。

思　考　题

(1) 三菱示教器的操作界面有哪些主要功能？可分别进行哪些方面的设置与操作？

(2) 三菱示教器操作按钮主要分为哪几个部分？

(3) 三菱机器人控制器的主要功能键都代表什么意义？

(4) 三菱机器人不同 JOG 操作模式的特点有哪些？分别适用于哪些类型的动作操作？

(5) 简述三菱机器人不同插补动作指令的运动路径有何不同。

(6) 三菱机器人托盘指令可应用的工业应用主要有哪些？

(7) 三菱机器人在线操作的主要流程包括哪几个方面？

参 考 文 献

[1]　(意)西西利亚诺(SICILIANO B)，(美)哈提卜(KHATIB O). 机器人手册[M]. 北京：机械工业出版社，2016.

[2]　腾宏春. 工业机器人与机械手[M]. 北京：电子工业出版社，2015.

[3]　罗霄，罗庆生. 工业机器人技术基础与应用分析[M]. 北京：北京理工大学出版社，2018.

[4]　魏志丽，林燕文. 工业机器人应用基础：基于 ABB 机器人[M]. 北京：北京航空航天大学出版社，2016.

[5]　龚仲华. 工业机器人从入门到应用[M]. 北京：机械工业出版社，2016.

[6]　谢广明，范瑞峰，何宸光. 机器人概论[M]. 哈尔滨：哈尔滨工程大学出版社，2013.

[7]　ABB 机器人操作手册(中文版). ABB，2004.

[8]　蔡自兴. 机器人学[M]. 2 版. 北京：清华大学出版社，2009.

[9]　王天然. 机器人[M]. 北京：化学工业出版社，2002 .

[10]　蔡自兴，郭璠. 中国工业机器人发展的若干问题[J]. 航空制造技术，2012(12)：20-25.

[11]　计时鸣，黄希欢. 工业机器人技术的发展与应用综述[J]. 机电工程，2015，32 (1)：1-13.

[12]　刘进长，辛健成. 机器人世界[M]. 郑州：河南科学技术出版社，1999.

[13]　白井良明. 机器人工程[M]. 王棣棠，译. 北京：科学出版社，2001.

[14]　郭洪红. 工业机器人技术[M]. 2 版. 西安：西安电子科技大学出版社，2012.

[15]　李团结. 机器人技术[M]. 北京：电子工业出版社，2009.

[16]　韩建海. 工业机器人[M]. 3 版. 武汉：华中科技大学出版社，2015.

[17]　柳洪义，宋伟刚. 机器人技术基础[M]. 北京：冶金工业出版社，2002.

[18]　龚振邦，汪勤悫，陈振华，等. 机器人机械设计[M]. 北京：电子工业出版社，1995.

[19]　徐缤昌，阙至宏. 机器人控制工程[M]. 西安：西北工业大学出版社，1991.

[20]　申铁龙. 机器人鲁棒控制基础[M]. 北京：清华大学出版社，2003.

[21]　陈恳. 机器人技术与应用[M]. 北京：清华大学出版社，2006.